U0173509

江户风土记

[日]安藤优一郎 著
李立丰 宋婷 译

上海三联书店

目录

序章 …1
出人意料！老东京的酒池肉林 …1
三个视角：老东京的庶民生活 …5

第1章
饭：百花齐放的饮食文化背后

1. 侍从武士的美食探访 …3
（1）纪州藩勤番侍酒井伴四郎的饮食生活 …3
五十万武士的主体：勤番侍 …3
吃遍美食、踏寻美景的日子 …6
一日三餐基本自做 …13
（2）庄内藩的藩士金井国之助的导游手册 …16
为了不被笑话是个乡下武士而撰写的见闻录《江户自慢》 …16
在江户城大手门前盛极一时的露店 …19
百吃不厌的蒲烧鳗鱼，售价十六文 …24

2. 为单身男性而生的外卖产业与加工食品 …27

（1）荞麦面等快餐极为流行 …27
仅荞麦面店铺就有三千七百六十三家 …27
“五人力”水车使得荞麦面价格降低成为可能 …29
料理用油增产，天妇罗一串四文 …33
（2）调味的关键，关东酱油的发展 …35
三个地区，三种酱油 …35
终于席卷全江户市场的关东浓口酱油 …37
地产酱油魁首：野田和铫子之争 …40
（3）粕醋支撑的握寿司风潮 …41
从熟寿司、押寿司到握寿司 …41
食醋需求量的增大与甜口粕醋的兴起 …44
主宰江户市场的尾张产粕醋 …46
（4）味噌汤与日式高汤的普及 …47
因味噌而兴的仙台藩 …47
鲣节的技术革新和东北出产的昆布 …49

3. 品牌菜蔬与各地果物 …54
（1）江户菜蔬：练马大根与小松菜 …54
只吃白米饭导致的“江户病” …54
江户近郊诞生的品牌蔬菜 …58
曲亭马琴也钟爱有加的日本第一萝卜：练马大根 …60
（2）超人气：纪州蜜橘与甲州葡萄 …64
纪伊国屋文左卫门的轶闻？ …64
纪州藩的强力扶持 …66
自家庭院里的果物栽培 …70

4.“江户人”口中的鱼与兽 …73

（1）江户湾的水产与日本桥鱼市 …73
江户前的鱼获与御膳鱼 …73
断子绝孙的“地狱网”催生养殖业的兴盛 …77
多摩川的鲇鱼成为江户名产 …79
（2）肉食的欲望 …80
被视为禁忌的肉食和被神化的水稻 …80
“广为人食”的鸡肉和鸡蛋 …82
猪肉店的登场和“药膳” …84

5. 渐成身边之物的果子 …88
（1）江户城的仪式和果子之间不为人知的关系 …88
长命寺看门人的创意，用叶子包裹着的樱饼 …88
嘉祥之日的“和果子”与玄猪之日的“饼” …91
以馒头订货量达到四万个为目标的经销商 …94
（2）砂糖国产化的悲愿 …97
将军吉宗以自给为目标奖励甘蔗栽培 …97
压榨奄美人民的萨摩藩黑糖专卖制 …99
效法萨摩，高松藩研发出“和三盆” …101

第 2 章
酒：幕府、居酒屋与料亭

1. 高价的下酒与地酒、浊酒 …107
（1）上方地区酿酒业的发展与下酒 …107
清酒的出现与高级酒·诸白的诞生 …107

鹤立鸡群的酿酒团体 “江户积摄泉十二乡” …110
（2）酿酒控制与江户入港管控 …112
为稳定米价而颁发酿酒许可、征收输入费 …112
饿殍满道与打砸抢烧引发政策突变：从奖励转变为限制 …116
防止江户财富流向上方地区的应对之策 …119
想尽办法也无法降低酒类总产量 …124
（3）幕府扶持的关东酿酒产业 …125
一石二鸟之计，尝试酿造 “御免关东上酒” …125
“千杯不醉”——上酒试酿始末 …127
（4）廉价浊酒的流行 …129
有效缓解身体疲劳 …129
陋室居民喜爱的浊酒 …131
对酿造禁令的不满控诉 …133

2. 繁华街市的饮食 …135
（1）行销的基本业态：摊贩 …135
本钱很少也可以做的移动贩卖 …135
因 “江户之华” 大火的缘故，屋台、床店数量激增 …138
轻松开业，无需审批 …139
保护小商小贩的町奉行所 …142
（2）从 “酒屋” 到 “居酒屋” …144
山寨人气品牌的假酒泛滥 …144
田乐豆腐受人追捧，居酒屋由此诞生 …147
（3）料理茶屋的高级化 …150
从泡澡开始享受：料理茶屋的会席料理 …150
料理茶屋的美食也能被外国人接受 …155
料亭活动——书画会 …158

3. 接待料理与酒 ...161
（1）武家社会的款待料理 ...161
巩固将军大名关系的“交杯酒” ...161
“式三献”及“七五三之膳”所用的烧鸟与御杂煮 ...166
鹤肉清汤、鲜虾、文蛤——东瀛引以为傲之宴会膳食 ...169
大名庭园中的招待记录 ...171
“豪奢的料理，加上大人给我斟酒，不禁使人感激涕零” ...174
（2）接待外交使节 ...176
来到江户的“甲比丹” ...176
大奥佳丽也来一睹商馆长的风采 ...178
用最高级的本膳料理款待朝鲜通信使 ...181
接待佩里的五百人份宴席耗资两千两 ...184
庆喜在宴席中使用了西式桌椅与红酒香槟 ...185

第3章
色：乱花渐欲的秘密

1. 幕府官设的欢场：吉原的素颜 ...189
（1）吉原的诞生 ...189
开设、迁移吉原的背景为何？ ...189
面积增加五成的“新吉原” ...191
平日被迫吃一菜一汤粗茶淡饭的游女们 ...194
（2）吉原的游乐与饮食 ...196
畅销书《吉原详解》与茑屋重三郎 ...196

高于欢资数倍的餐费和祝仪金 ...199
从外卖料理屋送来的“台物” ...202

2. 非官设的欢场：“冈场所”的实况 ...204
（1）门前町与“冈场所” ...204
寺院神社院内门前餐馆林立 ...204
取缔带有游女屋风貌的料理茶屋 ...208
出入游女屋的伪装 ...211
（2）作为流通中心的宿场町与盛饭女 ...212
以“盛饭女”名义被默许存在的游女 ...212
实在看不下去：内藤新宿被废宿 ...216
从官方角度出发增加盛饭女人数 ...219

3. 出会茶屋的表里 ...221
（1）看板娘变身偶像 ...221
让人气画师一见倾心的茶屋娘 ...221
笠森阿仙大热，周边商品层出不穷 ...222
阿仙突然不见了！ ...227
（2）出会与逢引的场所 ...228
江户的婚姻状况——“出会业者” ...228
连芝居茶屋也被作为约会之地：“大奥丑闻”上演 ...231

参考文献 ...235
后记 ...237
译后记 ...239

序 章

出人意料！老东京的酒池肉林

在距今约二百年前的“享和·文化年间”（1801—1818年）①，以“大食会”为名的大吃大喝之风，在“江户”② 蔚为

① “享和”“文化”都是日本的年号。享和年号在宽政之后、文化之前，指1801年到1803年这段时间。这个时代的日本天皇是光格天皇，江户幕府的将军是德川家齐。文化年号在享和之后、文政之前，指1804年至1818年这段时间，这个时代的天皇是光格天皇、仁孝天皇，江户幕府的将军是德川家齐。——译者注

② “江户”，原指十二世纪初日本豪族江户氏的居馆，江户城因此得名。长禄元年（1457年），太田道灌开始修筑江户城。以后，随着扇谷上杉氏的衰落，此城被占据小田原城的北条氏夺得。天正十八年（1590年），讨伐北条的小田原之战后，德川家康入封关东，以江户为居城，江户城开始繁荣起来。庆长八年（1603年），家康在江户开设了持续两百多年的德川幕府。从此，作为日本政治、经济中心，江户城得到很大的发展，最终形成了现在的东京都，并于庆应四年（1868年）正式改名东京。本译文为了读者理解方便，且借中喻日，故在文中混用江（转下页）

风潮。

豪聚之所，选在位于隅田川附近的柳桥地界的“万八楼”等高级料亭。老东京土著自不必说，就连居住在江户附近的农民、“町人”[①]也大量参与进来。看客更是如云而至。

这种酒池肉林中的风云际会，也引起有识之士的关注。《南总里见八犬传》[②] 的作者曲亭马琴[③]，便是其中之一。

在曲亭马琴所著《兔园小说》一书中，就记载了文化十四年（1817 年）三月二十三日举办的“大食会/大饮

（接上页）户及老东京两种称呼。另、译文在不造成混淆的情况下，尽可能保留原文中的日文汉字，并尽可能对其加以解释。——译者注

① “町人”，在城市中，“町”指街道及社区，而町人一般是指城市中的工商业者，在江户幕府推行的士农工商的身份制度下，属于最低的两级，但是却依靠商业买卖以及独有工作技能，获得了一定的财力，同时也形成了自身独特的町人文化。——译者注

② 《南总里见八犬传》，日本文化十一年（1814 年）开始发行，历时二十八年，于天保十三年（1842 年）完成的全部九十八卷一百零六册的大作。与上田秋成的《雨月物语》等并称为江户时代的剧作文艺代表作，是日本长篇传奇小说的经典之一。——译者注

③ 曲亭马琴（1767—1848 年），原名泷泽兴邦，江户时代后期日本著名小说家。——译者注

会”的比赛场景。赛场选在位于柳桥地区的高级酒家“万屋”，参加者则被分别编入“酒组”“果子组”[1]“饭组”“荞麦组”，竞逐“酒豪”“大胃王”等名号。

在酒组参赛者中，作者列举了好几位能狂饮五升（一升＝一点八公升）甚至十升日本酒的能人异士。

其中就包括用三升装的酒碗连喝六杯半之后，当场倒地酣睡，醒来后又一口气喝了十七杯水的鲤屋利兵卫（时年三十岁）。更别提用五升的大碗干掉一碗半美酒后踏上回家之路，后醉倒在“汤岛孔庙”[2]的墙外，一觉睡到第二天早上四点的天堀屋七右卫门（时年七十三岁）等奇人了。

“果子组”中的丸屋勘右卫门，一口气吞下五十个馒头、三十张薄饼、七长条羊羹后没吃饱，又连灌了十九

---

① “果子”，又称和果子，泛指日式糕点，就大类别来区分，可以分为生果子和干果子两大类。生果子又名主果子、上升果子或朝生果，指早上制作的新鲜糕点。由于保存期限短，一般只能放两天左右，要趁鲜食用。比起其他和果子，生果子格外重视造型变化，因此成为日本人送礼的首选之物。相对于生果子的鲜食要求，耐放的干果子，为了长久保存，且保持甜度，主要以糖和豆粉压制成各种造型。——译者注

② “汤岛孔庙”，别名“汤岛圣堂”，始建于1690年，位于东京汤岛区，邻近秋叶原，属于祭祀孔子的文庙，是儒学的重要场域，在江户时代曾是德川家族成员的求学之地。——译者注

杯茶。在“饭组”，则涌现出了就着五十八根辣椒吃下五十四碗饭的和泉屋吉藏。“荞麦组”中也出现吃完六十三碗荞麦面依然自称腹中空空的异士。①

此类活动的举办地，不限于江户城。在设于江户郊外的驿站之一，位居日光街道的千住宿，也举行了被后世称为“千住酒战”的活动。而在曲亭马琴介绍的“大食会”比赛约一年半之前，文化十二年（1815 年）十月二十一日，在作为“茶屋”② 兼邮驿的“中六”，也举行了类似比试酒量的活动，还邀请了当时江户的文人骚客到场担任评委。位添其列的就包括姬路藩主酒井家的后裔、画家，“江户琳派”创始者酒井抱一，以及凭借《集古十种插图》等画作而闻名的风景画家谷文晁。除此之外，露面的，还有作为狂歌家、剧作家而闻名的大田南亩。南亩把这次酒量大赛的观战记，收录成集，即为《后水鸟记》。拜受邀担任裁判的江户名人所赐，千住的斗酒盛会，好评如潮。

古老东京所流行的这种看似愚蠢的胡吃海喝，似是在讴歌太平盛世一般。这种活动，象征着江户饮食文化

---

① 曲亭马琴「兎園小説」『日本随筆大成』第 2 期第 1 卷、吉川弘文館。

② “茶屋”，一般设在道路两旁，为路人提供茶水、果子以及小丸子，在神社及寺庙内也常设有此类茶屋。——译者注

的兴盛，乃至大江户地区的繁荣。在因为“闭关锁国”而不得不依赖内需的江户时代，主政者希望通过饮食产业拉动消费经济发展的态势，得见一斑。

三个视角：老东京的庶民生活

说到江户的食材，人们自然而然便会产生以大米为中心的强烈印象。江户时代，大米是衡量一切事物价值的等价物，像“加贺百万石”① “三十俵二人扶持”② 这样，从土地的估值，到武士的位阶（俸禄），都用米量单位来表示，可算是当时的习俗。

江户时代，适逢太平盛世，连年休兵，加上江户开府后的百余年间土地开垦出现飞跃式发展，使得日本全

---

① “加贺百万石”，是指代表前田家的前田利家和利长的领地加贺藩，在将加贺国、能登国和越中国地区纳入治下后，属地大米的生产规模超过了一百万石，所以就有了这个叫法，形容属地的辽阔。其中，石是粮食的体积单位，一石大米，大概相当于十七至二十斤的大米。——译者注

② “三十俵二人扶持”，指的是武士阶层中“同心”的俸禄，大抵是三十俵二人扶持，其中，三十俵是代代相传的固定俸禄，二人扶持便是官职津贴了。一人扶持是一天五合糙米，二人扶持是一天一升，一年份则有三石六斗五升。而一俵是三斗五升，三十俵便是十石五斗，加上二人扶持的津贴，收入总计十四石一斗五升。——译者注

国的粮食产量从一千八百五十万石暴增五成，达到了二千六百万石。粮食增产，相应地人口也会增加，此乃自然之法则。在这百余年间，日本人口倍增至约三千万人。

虽说江户时代大米产量显著增加，但这并不意味着当时的人们只以此为食。农村地区自不必说，在以江户为首的各大城市，食品种类琳琅满目，蔬菜、水果、鱼类、兽肉等琳琅满目。酒、茶、果子等“嗜好品”① 被大量消费，极大地丰富了城市居民的饮食生活。

尽管武士和町人常吃大米，但占人口半数以上的稻米生产者，即农民的日常主食，却有五成以上不是大米。即便根据“五公五民”（江户时期赋税比例，农民将作物收成五五分，一半用作交税，一半留作自用）的规则，即缴纳一半作为贡米，手头也应该剩一半才对，但实际上，农民自己留的米，大部分因为要换钱还是卖掉了。他们经常食用的是大麦、小米、谷物、稗子等杂粮，或者只混入少许大米。只有在正月等节庆祭祀之时，才有机会吃上一口白米饭。

虽然可以想当然地认为会存留大量余粮，不过，这

---

① “嗜好品”，一般指能让人产生依赖的，或者让人沉迷其中的物品，比如香烟、古玩、茶、咖啡等。——译者注

显然忽略了造酒会消耗海量大米的事实。如此消耗的大米已经酿成美酒，被人喝了下去。如果过度关注以米饭为中心的印象，忽视了当时的酒类制造与消费状况，就难以把握江户饮食生活的真实面向。

古今东西，对吃都非常感兴趣。围绕江户的饮食文化，市面上的书籍可谓丰富，与此相关的电视节目、报刊杂志也很常见。人们对江户时期流行的食物如数家珍：荞麦面、寿司、天妇罗、鳗鱼等等。其价格之低廉，各位也算耳熟能详。

但是，荞麦面和寿司能够以较低的价格被大众消费的理由，却几乎并不为大家所关注。个中关键，还在于食品生产、流通等产业经济结构使得大量消费成为可能，但对此人们却往往缺乏认识。

在江户的饮食生活中，看似尽人皆知，但实际上缺乏深入理解的事实，为数不少。时至今日，江户以米食为中心的刻板印象，也不过是一个浅尝辄止的结论而已。

江户时代，古老东京的人们，为何能够尽享如此丰富的饮食生活？本书会怀着这种问题意识，一一阐明个中原委，不仅从消费者，更从生产者和销售者的角度，对此加以观察。

具体来说，本书将从三个方面入手，解读江户时代的饮食文化：首先是蔬菜、水果、鱼类、兽肉以及调味料等大米以外的食材，其次是被以往的饮食论说所忽视的饮酒，最后是纵情食色的男女众生。

在第一章“饭：百花齐放的饮食文化背后”中，本书将从以下五个视角，尝试修正“江户人以米食为中心”的刻板印象。

第一节“侍从武士的美食探访”，主要根据在江户藩主家中勤番武士的日记，验证江户饮食生活的实际状况。

荞麦面、寿司、天妇罗等快餐兴起的背后主因，乃是相关食材的低廉价格。在第二节“为单身男性而生的外卖产业与加工食品”中，将尝试阐明其价格低廉的相关背景。

第三节“品牌菜蔬与各地果物”，主要探究了那些以江户巨大的消费人口为目标客户的蔬菜和水果特产地的形成过程。

第四节“江户人”口中的鱼与兽，介绍了作为江户居民蛋白质来源的鱼类和兽肉的食用状况。

在第五节“渐成身边之物的果子”中，主要关注使果子大量生产成为可能的砂糖的国产化问题。

第二章“酒：幕府、居酒屋与料亭”，主要阐述了迄今为止没有得到美食研究重视的丰富多彩的饮酒文化。

在第一节“高价的下酒[1]与地酒[2]和浊酒[3]”中，列举江户人通常饮用的三种酒类。探究幕府刻意限制下酒（京都地区生产的美酒）的输入量，大肆鼓励关东地区酿造品质不输下酒水平的地酒的意图，同时也近距离考察浊酒酿造及饮用的状况。

第二节“繁华街市的饮食”，聚焦“屋台”[4]、“床店”[5]、居酒屋、高级料亭等饮食场所，揭示江户酒文化迎来繁荣的背景。

在第三节“接待料理与酒”中，以“大名”[6] 宅邸为舞台的招待料理为例，揭示酒成为了确认将军与大名的主从关系的工具。

在第三章“色：乱花渐欲的秘密”中，从男欢女爱

---

① “下酒”，是指江户时代在京都附近地区生产，被运送到江户消费的酒，特别是摄泉十二乡酿造的酒，味道和品质都很好，在江户也广受好评，价格颇高。——译者注

② “地酒”，是指江户时代所谓“关八州”内制造的酒类。——译者注

③ “浊酒”，在东亚地区又称浊醪、醪醴，指一种传统酿造酒，为未经过滤程序的米酒，带有米渣，因此其颜色呈乳白色，又被称为白酒。陈放较久的浊酒，颜色转黄，称黄酒；经过滤、去色后，就成为清酒。——译者注

④ “屋台”，小吃摊，一般是带有顶棚的摊位。——译者注

⑤ “床店”，小商店的一种，只摆放商品，没有住人的空间。——译者注

⑥ “大名”，江户时代武士的等级之一，系将军直属家臣中俸禄在一万石以上的武士。——译者注

的色恋世界探索江户的生活之光。

在第一节“幕府官设的欢场：吉原的素颜”中，将聚焦华丽奢靡的吉原，探究其本来面目。

在第二节“非官设的欢场：“冈场所”① 的实况”中，介绍了除在料理茶馆“服务”的女性以外，以给住宿客人盛饭为名从事特业的“盛饭女”的动向。

第三节“出会茶屋的表里”中，主要介绍各种水茶屋的实际状态，包括神社寺院附近的水茶屋，以及帮助偷情男女见面的出会茶屋。

希望由此探究江户人——武士和町人，过着何等丰富多彩的生活，并且揭开能享受这种饮食文化的主要原因。

另外，本书中，将一两金（= 四分 = 十六朱）的价值换算成约等于十万日元，金一两 = 银六十“匁”② = 钱四千，据此，本书中的货币计算，金一分约折合二万五千日元，金一朱约折合六千日元，银一匁约折合一千六百日元，钱一文约折合为二十五日元。

---

① “冈场所”，泛指与江户时代唯一集合了幕府官设的色情场所吉原之外的未经官方官设的私娼妓寮。“岡”作为日文汉字，表示“外”“从”的意义，即为公娼以外的其他色情场所。——译者注

② “匁”，江户时代的银制通货重量单位，明和二年（1765 年）首次作为货币单位登场。——译者注

第1章 饭

百花齐放的饮食文化背后

荞麦屋：《守贞谩稿》日本国立国会图书馆藏

1. 侍从武士的美食探访

(1) 纪州藩勤番侍酒井伴四郎的饮食生活

五十万武士的主体：勤番侍①

十八世纪初人口突破百万的大型城市江户，因围绕封建领主的城廓发展而来，武士人数众多。当时，江户的“武家”② 足足有五十万人，其中大多数都是住在大

① “勤番侍”，指跟随参勤交代前往江户的大名，负责其安全警戒等任务的中低级武士。——译者注

② “武家”，指武士系统的家族、人物，与“公家”相对。其核心是平氏和源氏。武家是从在古代公家的领地、庄园中负责武备警卫的家族发展而来，原是为公家所统治的阶层，后逐渐壮大，实质性地把持了全国政权，继而建立了镰仓幕府，公家则被傀儡化。中世纪日本天皇大权开始旁落，到武家开设镰仓幕府（1192—1333年）乃至于江户幕府被推翻为止，天皇仅具有精神象征，政治实权已经落到幕府将军的手中。通俗来说，镰仓幕府工作的人被称作武家，而为朝廷工作的文官被称为“公家”。——译者注

名宅邸里的“藩士”①。

江户时代结束后不久的庆应四年（1868 年），有数据显示，当时的“旗本”② 约有六千人，“御家人”③ 约有两万六千人，此类直属于将军的幕府武士，总计三万多人，包括家属和家臣的话，也不过是十万人左右。这样算来，约八成的武家人口都是来自外地的三百诸侯的家臣，亦即藩士。

赐大名藩邸的，也就是说，给大名分配住所的，正

---

① “藩士”，是对日本江户时代的从属、侍奉各藩的武士的称呼。然而虽然一概称为藩士，也分为上士、下士等等。严格来说，不能认为“藩士”就是“武士”。藩士实际上指的是所有有藩籍的人士。藩主和藩士的关系是上下级关系。——译者注

② “旗本”，指江户幕府时期薪酬未满一万石的高级武士，作为将军的直属家臣，会跟随将军出席仪式，拥有自己指挥的武装力量。——译者注

③ “御家人”，镰仓时代将军的家臣，以关东地区出身者居多。欲成为御家人之武士，必须首先当面参见将军，然后呈报签写自己姓名的名簿，得到认可。负有以军役为主的各种义务。战时，须率兵应召参战；平时，参加以警卫、执勤为主的大番役、警固役。作为主君的恩赐，他们得到一定的领地及由主君确认的私有庄园的所有权“安堵”。同时又根据领地的多寡，向主君承担一定的财政负担，即所谓“公事”。御家人可以担任守护、地头等武家官职，亦可由幕府推荐，接受朝廷的任职。南北朝时期，御家人名存实亡。江户幕府时期，年俸一万石以下的家臣中，御目见（武士等级中的名称）以上者称旗本，以下者称御家人。——译者注

是幕府。根据“参勤交代”[①] 制度的规定，诸位大名必须隔年去江户的藩邸居住。幕府要求大名将其正妻和嫡子留在那里，类似人质，但这并不意味着住在藩邸里的只有大名及其家人。这一制度还要求大名从自己的领地带来的众多家臣，与主家一起住在幕府划授的宅邸内。大名完成了参勤的义务后，家臣再以陪同的名义随之返回原来的领地。

藩邸内居住的家臣，分为两种。一种是定居在江户的家臣（江户定府侍），一种是只有当大名（藩主）住在江户府时才从领地独自前往江户的家臣（江户勤番侍）。定府侍多数是带着家人一起居住，其中一些甚至还住在藩邸之外，但如果是单身赴任前往江户的勤番侍，一般都是在藩邸内和大家一起住在“长屋”[②] 里。勤番侍的人数，远多于定府侍。

虽说都是幕府分配的住所，却有三种类别，分别是上屋敷、中屋敷和下屋敷。

---

① “参勤交代”，亦称为参觐交代，是日本江户时代幕府一种控制各大名的制度。各藩的大名需要前往江户替幕府将军执行政务一段时间，然后返回自己领土执行政务。——译者注

② “长屋”，从日本江户时代开始的一种的古老的木造住宅形式，每一户房屋并排而建，相邻的房屋共用一堵墙壁，属于很多家人生活在同一屋檐下的相互扶持的生活状态。——译者注

上屋敷是藩主住的房子，而中屋敷是隐居的藩主或者藩主的继承人居住的地方。相较于前者，中屋敷距离江户城更远。

当上屋敷或者中屋敷遭遇类似火灾这样的险情时，下屋敷会被用来避难，平常则拿来储存在江户生活所需的物资，有时也作别墅之用。虽然赐予勤番侍的房屋大多坐落于江户城内偏僻之所或郊外地区，但他们主要住的是藩主所住的上屋敷。

吃遍美食、踏寻美景的日子

从各地前往江户单身赴任的勤番侍们，在江户的藩邸里又过得如何？下面，就根据他们写下的日记，再现一下当时的江户风情吧。

德川氏直系御三家之一的“纪州藩”[①]，在麹町建有上屋敷，在赤坂建有中屋敷，在涩谷等地建有下屋敷。在麹町的上屋敷和赤坂的中屋敷，用于藩主的下榻之所。文政六年（1823 年）的一场火灾，将纪州藩位于麹町的上屋敷焚毁。自此之后，位于赤坂的中屋敷，开始发挥

---

① “纪州藩”，是日本江户时代的一个藩，又称为纪伊藩、和歌山藩，位于纪伊国，藩厅是和歌山城。藩主是纪州德川家，与水户藩及尾张藩又称御三家。——译者注

上屋敷的作用，现已然成为日本皇室赤坂御用地之一部。

下面登场的勤番侍，就是纪州藩武士酒井伴四郎（时年二十八岁）。这位下级藩士，到手的俸禄只有二十五石。幕府末期万延元年（1860 年）五月二十九日，伴四郎来到了位于赤坂的中屋敷，而后在这里开始了将近一年七个月的江户勤番侍生活。这次，他单身赴任，将妻儿老小都留在了纪州老家。

伴四郎所作日记，名叫“万延元年 江户江发足日记帐”。里面记录了从万延元年五月十一日在和歌山城下出发那天，到十一月最后一天之间所发生的种种事情。平成二十二年（2010 年），收藏这本日记的江户东京博物馆出版了这本《酒井伴四郎日记——影印翻刻本》。

伴四郎是负责“衣纹方”的藩士。所谓“衣纹方”，就是掌管穿着用度的部门，其职责就是指导保护藩主的“小姓”① 们的着装，因此，往往是在庆典上作为“指导着装的师匠”身份出现。

总体而言，那个时候的武士，多数日子并没有在当班值更。从各地前来江户的勤番侍也是如此。在万延元

① “小姓”，意为侍童，除了在大名会见访客时持剑护卫，更多的职责是料理大名的日常起居，包括倒茶端饭、陪读待客等。另外，有些人会把小姓与男宠划上等号，但小姓这个职业本身并不代表男宠，也不是所有小姓都会当男宠。——译者注

年六月份的时候，伴四郎仅仅出勤了六天，而且只是上午。有的月份，比如七月，更是一天班都没有上。八月到十一月，每个月的出勤也就只是十天左右。从日记里不难看出，不当职的时候，伴四郎整天都在江户尽情游玩。

然而，藩主们却并不希望勤番侍前往藩邸之外的地方。这主要是因为担心勤番侍会惹上什么麻烦，落人口实，要是被人发现主子的身份，势必有损藩主的美名。

勤番侍作为所谓“进城者”，对江户的情况不甚了了，更不熟悉这里的风土地理。想去游历曾经遥不可及的江户的话，这些人一定结伴出行，很少有人会独自游览。

有时，外出的勤番侍都快回到自己落脚的住处，却误以为还有很长一段路要走，就坐上了轿子，轿夫也看出来对方是个勤番侍，故意在周围转上三圈才停在门口。这种事情屡见不鲜。很显然，轿夫可以借此赚取高额的路费，等勤番侍发现，往往为时已晚。

这些都是因为不熟悉江户情况才闹出的笑话。更有甚者，在很多情况下，事情甚至发展成为令藩主当局颇为头疼的大麻烦。最后他们只能严禁下属外出，但勤番侍却乐于钻空子，想尽办法在江户到处游玩。伴四郎应该就是这样的勤番侍吧。

通读这本日记可以发现，在六月及九月，接连好几天，伴四郎都在江户城内游览名胜。六月的时候，他曾经游览位于两国的回向院，那里是为了化缘而举办相扑比赛的场地。此外，他还去了从山顶上能眺望到三分之一江户街景的爱宕山，拜谒了将军的家庙，位于“芝”①的增上寺，体验了位于甲州大道上的“内藤新宿”② 驿站的旖旎风情。伴四郎还踏访了作为江户“五色不动”③之一的目黑不动明王造像、同是作为将军家庙菩提寺的上野宽永寺和不忍池，以及高轮泉岳寺内的“赤穗浪士”④ 墓地等名胜古迹。

---

① “芝”，位于现东京都港区的一处地名。——译者注

② “内藤新宿”，甲州街道的第一驿站，原先设在距江户城外十六公里的地方，行人颇感不便，于是就借用群马县大名内藤家在江户的宅邸的一部分，设了一个新的“宿”，这个驿站的名字就叫作内藤新宿。——译者注

③ “五色不动”，所谓五色，代表五行思想中的五色。宽永年间，三代将军德川家光依照天海大僧正所言，于江户市中周围五个方角设不动明王造像，镇守江户，祈愿天下太平。五色由密教的阴阳五行说而来，分别是青、白、赤、黑、黄五色与东、西、南、北、中央。如果把五色不动的位置以线连接，线的内侧即为江户的内府。明治以后，经过废寺、统合等，不动尊已经不在原来的位置。其中，目黑不动，位于东京都目黑区下目黑的泰睿山泷泉寺。——译者注

④ “赤穗浪士”，指的是元禄十四年（1701 年），赤穗藩主浅野奉命接待天皇使者，然而受吉良愚弄而失礼，赤穗愤而伤害 （转下页）

彼时日本的出行方式多是步行。这样下来，一天能够游玩的范围，也就是几公里，多说十几公里的所在。路上也肯定会又饥又渴。每个景点，不出所料，必定有很多提供饮食的小店分布其间。

下面，就一起来看看伴四郎在日记里所记载的尝遍各处美食的经历吧。以下内容，出自他七月十六日那天的日记内容。

是日，伴四郎和其他五人一道，在浅草、吉原、两国等江户有名的繁华之所，一家连着一家地喝酒行乐。伴四郎他们离开位于赤坂的住所之后，在上野附近的茶

（接上页）吉良，违反了法律，被判剖腹，他的家臣约有三百余人，从此成为浪人，分散到各地，变成没有职业的武士。元禄十五年（1702年），浅野切腹的翌年年底，仍有四十七名赤穗家臣誓死不改志，要为主人报仇。江户的赤穗浪士，年纪最小的是大石内藏助的儿子大石良金。年纪最大的是间喜光延，他带同三个儿子参加。十二月十五日，赤穗浪士集合在林町的堀部安兵卫家，约定在午前四时杀进吉良家。由大石内藏助指挥，分几个突击小队，从大门和后门包围吉良邸。吉良邸有二千五百坪的占地，为了找出吉良上野介的所在，四十七名赤穗浪士分头找了半天。吉良躲在存放煤炭的小屋，被间十次郎光兴发现，当场取下首级，为主人报仇，大功告成。四十七名赤穗浪士举着吉良的首级，浩浩荡荡列队走到泉岳寺，将首级献到浅野的坟上。之后，四十七个人束手就擒，听候判决。元禄十六年，幕府下令命他们集体切腹。四十七名赤穗浪士，除一人叫寺阪右卫门生存外，全部剖腹自刎而死。这一故事也被称为“忠臣藏”。——译者注

馆里品尝了年糕，然后在动身去浅草的路上，到一家名叫“月若”的店里吃了荞麦面。接着，他们参谒了浅草寺，在寺内观看了“妖怪表演”。这些鬼神题材的短剧，可谓江户的夏季风物诗。

由于观看完表演后突逢暴雨，伴四郎等人便去到浅草寺附近的茶馆躲雨。他们就着与芋头、章鱼一同炖煮的甜美鳗鱼，喝酒吃饭。

填饱了肚子，一行人动身前往吉原，并平生第一次看到了“花魁道中”① 的盛景。不知是不是因为口渴难耐，他们还在路边买了块西瓜啃食，然后去往两国。伴四郎和同伴步入位于两国桥畔路边的戏棚，看到了被误叫作老虎的豹子。而展出的这种动物，正是表演主办方从长崎“出岛”② 的荷兰人手里买来的外来物种。

---

① “花魁道中”，是指江户时代的头牌艺妓或游女，即所谓容貌姣好，具备较高文化修养的“花魁”，在去往迎送男客的茶店的行走路程，因为声势浩大、颇为养眼，被称为“花魁道中”，也可作为对外宣传之用。现在作为民俗项目保留下来的花魁巡游，便是源自于此。——译者注

② “出岛”，是日本江户时代位于长崎港内的扇形人工岛，1634 年幕府将军德川家光下令建筑出岛，1636 年完工，最初作为葡萄牙人的收容地，1641 年，幕府强迫荷兰东印度公司将商馆由平户移往出岛。1641 年到 1859 年期间，是荷兰商馆所在地。——译者注

靠近泉岳寺的高轮大城门的盛况。高轮是进出江户的咽喉之一。
（「江戸名所図会」〈部分〉日本国立国会图书馆藏）

一日三餐基本自做

伴四郎的日记里，留有很多闲逛吃喝的笔墨痕迹。一个大男人单身赴任，大家肯定会以为他总是在外就餐。实际上并非如此，甚至恰恰相反。

因为严禁外出，所以伴四郎基本上是和其他藩士一起在共同生活的长屋里，自己做饭。不仅仅是伴四郎，其他勤番侍的生活，大多如此。

伴四郎和舅父宇治田平三，还有一位名叫大石直助的藩士，同住在一间长屋里，三人都是负责衣纹方的藩士。到达江户的时候，伴四郎还去市里买了装炭火的火盆、烧水的水壶、吹火竹筒、带提手和锅盖的"行平锅"①。这些都是他自己做饭不可或缺的日用炊具。

伴四郎的日记有个特点，就是对自己做饭着墨颇多，完全不逊色于在外的吃喝行记。勤番侍一块儿居住的长屋里设有炉灶，大家会轮流煮饭，制作酱汤。他们还会自行烧煮热水用来制作茶泡饭。

---

① "行平锅"，由日本平安时代的在原行平发明，加上锅身施以白雪般的加工图案，因此被称为"雪平锅"，行平锅并非一个品牌，而是一种锅具类型的称呼，其外形是有凹凸的造型，两边有导流口，类似奶锅大小。——译者注

喜田川守贞所撰《守贞谩稿》，全景式描绘了江户时代的社会风俗。其特色在于，将江户和“上方地区”（京都、大阪）的风土人情加以对比并附以解说，其中就包括关于料理作馔的部分。

根据该书，江户人家一般早上煮饭，佐以酱汤一起进食。中午凑合吃点冷饭，配上蔬菜或者鱼贝这样的小菜。晚上则在冷饭上浇热茶做成茶泡饭，配上咸菜果腹。但是在京都、大阪这种地方，却是中午煮饭，同时来上炖菜、鱼类、酱汤这样的两三种小菜。早上和晚上，倒是吃冷饭加咸菜。

三餐中，江户地区一般在早餐时煮饭，而另一方面京都人和大阪人则是在中午煮饭，二者在余下的两餐都是靠吃冷饭凑合一下。从日记里就能看出，伴四郎他们选择中午煮饭，早饭和晚饭都是用粥或者茶泡饭来加以解决。由于和歌山属于上方文化圈，即便这些勤番侍身在江户，依然还是会继续中午煮饭，早晚吃冷饭吧。煮饭所用之米，全系藩主那边分发配给而来。

研钵和磨杵，乃是炖煮酱汤时不可或缺的炊具。在研钵里加入味噌，用磨杵反复研磨，伴四郎他们平常自己做饭，就经常用到这种家什。

根据伴四郎八月十一日所写日记，当天，他在研钵里加入了白味噌和葱进行研磨，想制作杂烩粥，结果发现十分美味。研钵不仅仅可以用来研磨味噌，还可以加工芝麻和山药等食材。

研钵、磨杵和味噌，系三人共同出资购得。多数情况下，伴四郎他们都是一起采购做饭所用的调味用料，借此节约开支。

看起来，他们好像一般是分别购买制作小菜所用食材。有时候是趁外出的时候采办，有时候则会从出入藩邸的商人处购买。大概也不仅限于食材，大伙儿集资采购的调味料，可能也购自频繁往来藩邸的行商。

伴四郎经常会买豆腐。有时候热了吃（汤豆腐）①，有时候直接吃（拌豆腐）。有时候，他会买油炸豆腐（煎豆腐）来吃。虽然偶尔也会弄点竹签串烧的烤豆腐解馋，大概也会加上味噌再烤吧。这样一来，就成了味噌田乐烧。

透过这本弥足珍贵的伴四郎日记，今天的我们，才得以窥见勤番侍餐桌的一角。②

---

① “汤豆腐”，日本著名家常菜肴，虽然各地做法多有不同，但基本上都是水煮切块豆腐后蘸上各种佐料，豆腐稍微水煮后十分鲜嫩，口味清淡鲜甜。——译者注

② 青木直己『幕末単身赴任下級武士の食日記』増補版、ちくま文庫。

(2) 庄内藩的藩士金井国之助的导游手册

为了不被笑话是个乡下武士而撰写的见闻录《江户自慢》

酒井伴四郎有个老乡叫原田，在纪州藩付家老[1]安藤家当侍医。此人写了本随笔集，名为《江户自慢》。一般认为，这部作品的受众，便是纪州藩的江户勤番侍。

---

① “付家老”，所谓“家老”，是日本武家家臣团最高的役职，亦是日本江户时代幕府或藩中的职位。家老一般有数人，采取合议制管理幕府和领地的政治、经济和军事活动。在幕府或藩中地位很高，仅次于幕府将军和藩主。到了江户时代，由于参勤交代的原因，管理各藩在江户的宅第的家老称为江户家老或江户诘家老。在自己领地内的家老称为国家老、在所家老。国家老比江户家老地位高。家老中地位最高的称为笔头家老、家老首座、一番家老。管理领地内行政的家老称为仕置家老。除了御三家和御三卿的家老，其他大名的家老没有觐见将军的资格。亲藩大名和谱代大名往往为自己的家老讨取旗本的资格，这样家老就能随同自己觐见将军。外样大名的家老中除了禄高上万石的少数人以外都没有资格觐见将军。而所谓付家老，也被称御附家老，是分家从本家分离后，本家派往分家监视、指导的家老。幕府对御三家和御三卿也派驻付家老。付家老可从本家和分家两头领取俸禄。有名的尾张藩成濑氏，纪伊藩水野氏、安藤氏还是领内的城主。参勤交代的时候，付家老陪同藩主一同前往江户觐见将军，地位几乎等同于大名。——译者注

勤番侍对江户的情况很不了解，难免会被人嘲笑为土里土气的乡下武士。甚至还被人蔑称为“浅葱里”。因为勤番侍穿的外褂里子，多为浅青色棉布织就，蔑称由此而来。

对此颇为忧闷的原田，把自己作为一名勤番侍在江户的所见所闻整理出来，写成《江户自慢》一书。他希望担任江户勤番侍的武士老乡们能够先行阅读，不要再被嘲笑成乡巴佬。

据说，在江户的时候，原田东西南北各处跑，把江户的街道巷弄摸得烂熟。《江户自慢》这本见闻录的内容，虽然涉及诸多方面，但其中关于食物的记录，可谓不少。

文中，原田对江户的代表性快餐之一寿司赞不绝口。江户只有握寿司，没有押寿司。而握寿司的风味，显然是地处上方的京都那边的寿司所无法企及的，且价钱更为便宜。

《守贞谩稿》里提及，当时一个握寿司的标准价格是四文到八文钱。换算成现在的货币价值大概是一百到二百日元（一文 = 二十五日元）。

反倒同是快餐食品的荞麦面，遭到原田大肆挞伐。由于掺入和面的是小麦粉而不是鸡蛋，因此口感较硬，根本没办法连吃三碗。但是他在随笔中也承认，因为汤汁鲜美，若将和歌山产的荞麦面和着江户的汤汁一起进食，将是极品美味。

接着，书中还介绍了荞麦面店的售卖手法。一旦走

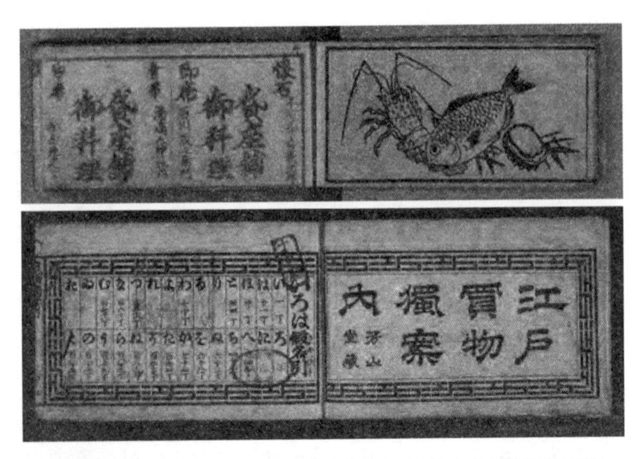

江户观光所用出版物：（上）各种饮食店铺介绍（「江户名物酒饭手引草」）（下）涵盖二千六百余间店铺的购物指南（两图均为日本国立国会图书馆藏）

进江户的荞麦屋，就会被问及要点蘸面还是汤面，若不能迅速回答，就会被鄙视为“乡下人”。

即使知道清汤荞麦面的食用方法，但不知道蘸面是蘸着汤汁食用的，这才是被嘲笑成“乡巴佬”的原因所在。故此，《江户自慢》也不吝笔墨提到，从一开始端上来时就有汁浇着的，是汤面。把面条盛在小蒸笼里，然后放进有蘸汁的碗里吃的，是蘸面。

荞麦面的价格同样十分便宜。清汤荞麦面一碗十六文，也就是大约四百日元，和现在的价格差不多。若增加像天妇罗这样的配菜，价钱就要涨到二十四或三十二文。诸如此类的江户的生活信息指南，并非纪州藩士所独有。无论哪个藩的勤番侍，为了避免被嘲笑为俗不可耐的乡下武士，都会从在同一大名麾下担任过侍卫的有经验者处获取信息。①

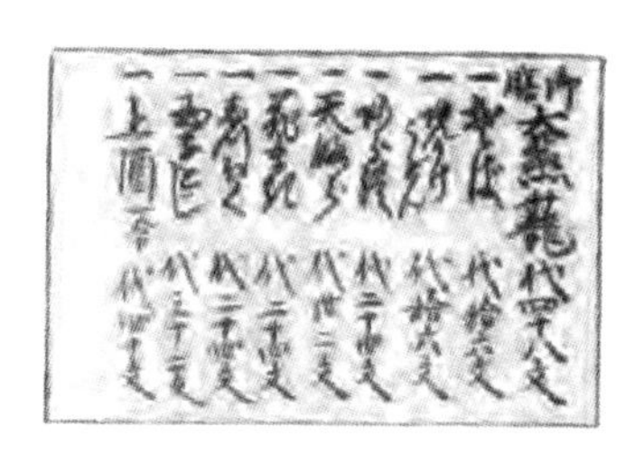

招呼客人的“行灯”与荞麦面价格表
（「贞守谩稿」日本国立国会图书馆藏）

在江户城大手门前盛极一时的“露店”②

虽然可以透过纪州藩士的轶事，对勤番侍在江户的

---

① 「江户自慢」『未刊随筆百種』第八卷、中央公論社。

② “露店”，在凉棚里开的小店，因其店屋仅有顶棚，四边没有墙壁，故得此名，类似于流动摊档。——译者注

生活窥以一斑，但接下来，还请看看其他藩的事例。这里介绍的，便是在人才辈出的一众人军中脱颖而出，长期把持幕府“老中”[①] 要职的羽庄内藩主酒井家当差的藩士金井国之助的故事。

国之助的俸禄百石，在藩中也算中等级别的武士。天保十三年（1842 年），他被任命为“供头”，次年被任命为跟随藩主朝觐晋谒的江户勤番侍。酒井家的上屋敷位于紧靠江户城的神田桥，从天保十四年开始，国之助共计有四次在江户值班，其间所写日记，现存于山形县鹤冈市立图书馆中。

所谓“供头”，就是在藩主外出之时管理其身后队伍的头目，正如这一职位的名称所示，供头是统率随从藩士的责任人。

藩主在担任幕府要职期间，几乎每天都要进入江户城，如此一来，供头也要每天指挥卫队随行左右。即便未担任要职，藩主也需要承担每月两到三次进城拜谒的义务，拜访同一级别大名屋敷的情况，自然也不在少数。

---

① “老中”，是江户幕府的职名，职位大致和镰仓幕府的连署、室町幕府的管领相当。是征夷大将军直属的官员负责统领全国政务，在未设置大老的场合上，是幕府的最高官职，定员四至五名，采取月番制轮番管理不同事务，原则上在二万五千石领地以上的谱代大名之中选任。——译者注

与此类似，藩主也有以私人名义外出的情况。

无论是哪种场合，只要藩主从自己府邸出门，就必须由供头带着卫队随从其后。虽说供头也是多人轮流值班，但国之助在勤番侍当中，也算相当繁忙。藩主一旦有什么三长两短，都是自家大事，紧张感自不待言。与刚才所看到的纪州藩负责被服的酒井伴四郎相比，国之助的当值天数显然要多得多。

如此一来，虽然他没有像伴四郎那样得闲频繁外出，但一有机会来到繁华似锦的大江户，还是会抽出时间，遍览名胜古迹。为了充分利用有限的时间，在游玩之前搜集江户的各种信息，应该不难想象才对。若不提前做好功课，显然无法如此高效地游遍名胜古迹。

从天保十四年所录日记来看，和伴四郎类似，国之助同样前往浅草、上野宽永寺、两国回向院、高轮泉岳寺内的赤穗浪人墓，以及吉原等地参观。就连藩主进城之时随从们所面对的江户城正门，即大手门前，他也特意亲往一游。

江户城大手门前，乃是江户的观光胜地之一。由于可供诸位大名登城的门辕仅限于大手门和樱田门等有限几处，因此江户府中所有大名同时登城之日，便是参观的绝佳之时。藩主清早入城后，随从护卫的藩士们会在大手门前的“下马札”[1]，一直等待藩主退城约至正午。因此，在大名同时登城日的大手门前，等待藩主退城的大批武士和参观者混杂在一起，加起来约有数千人之众，其中引人关注的，便是餐饮行业的从业者。

藩主退城之前，随行藩士足足需要等上三到四个小时，自然会饥肠辘辘、口渴难耐。大家难免会希望在夏天吃点凉爽的食物，冬天吃到暖暖的东西。

餐饮业者因应需要，在大手门前摆起许多露店，卖起寿司、荞麦面等小吃，或冷水、“甘酒”[2]“汁粉”[3]等饮品。对于这些露店而言，客人当然不仅仅是藩主手下的藩士，还包括纷至踏来的观光客。

据《守贞谩稿》记载，用白砂糖和“寒晒粉”[1]掺成的冷水，夏天一碗售价四文。如果多加白砂糖，就会卖

---

① “下马札”，类似于警戒区的概念，按照礼数，为尊重幕府权威，各色人等从下马札开始就必须下马徒步而行。——译者注

② “甘酒”，虽然被称为酒，但因其酒精含量一般少于百分之一，因此并不算是酒精饮料，这种直接通过大米进行发酵的传统甜味饮料，冷饮热饮皆可。——译者注

③ “汁粉”，是“馅汁粉子饼”的简称，馅汁是小豆馅加水煮的汤，粉子饼是米粉团成的年糕或团子，馅汁粉子饼拗口，为了方便，所以日本人简称为“汁粉”，最适合在冬天食用，吃一碗热腾腾的汁粉，身体可以立刻暖起来。——译者注

① “寒晒粉”，又称白玉粉，是干燥后的水磨糯米粉，一般用来制作白玉团子和牛皮糖。——译者注

到八文甚至十六文。在京都、大阪地区，冷水一碗卖作六文，而卖冷水的人称作“砂糖水屋”。

一年中都有售的甘酒一碗八文，而其在京都、大阪地区只卖六文。汁粉在江户、京都及大阪等三个地区售价相同，均为一碗十六文。卖汁粉的人，也有“正月屋”

参贺正月的大名们（「元旦诸侯登城图」〈局部〉日本国立国会图书馆藏）

的别称。

天保十四年七月初一，刚刚离开藩主府邸的国之助，没来得及吃早饭，便赶到大手门前，等待一睹诸侯登城之景。虽然按规定，每月第一天，乃是大名们的同时登城之日，但这一天恰好不是国之助当班，因此，他得空作为参观者来到这里。

百吃不厌的蒲烧鳗鱼，售价十六文

在不当班的日子里，国之助也会离开藩主屋敷，在外就餐。和伴四郎类似，他会在参观名胜古迹的同时，吃荞麦面，喝“杂煮汤”①，同时品尝甘酒。但二人也有不同之处。国之助经常会吃鳗鱼，同时经常光顾料理茶屋。从这一点来看，和伴四郎相比较，更能体会到国之助饮食生活的高级感。

在江户，蒲烤鳗鱼一串十六文，和一碗清汤荞麦面的售价相同。而且，江户地区的蒲烧鳗鱼，多在去骨的基础之上加以烤制。反观京都、大阪地区，多为不去骨直接烤制，且价格仅为一串六文。两地的蒲烧调味亦存

---

① “杂煮汤”，日本在新年吃的传统食物，一般做法是向味噌汤里放年糕、白萝卜、胡萝卜、大葱、菌菇等一同炖煮的锅物料理。——译者注

料理屋提供的鳗鱼饭（「守贞谩稿」日本国立国会图书馆藏）

在不同，江户多用酱油和“味醂”①，而京都、大阪地区则常选酱油和清酒。不过，这只是流动摊档售卖的价格，如果在料亭里进食，价格将大约增加一倍。

从国之助的日记中几乎读不出一点类似于伴四郎那样到处品尝美食的形象。或许是因为他需要顾及自己身为中等级别的藩士、特别是供头这一职位的缘故。而且，国之助的俸禄足有伴四郎的四倍之多，更是指挥藩主身后随行队伍的负责人，这也就是他不能像庶民一样到处

① “味醂”，俗作味淋，是一种类似米酒的调味料，其中富含的甘甜及酒味，能有效去除食物的腥味。味醂的甜味能充分引出食材的原味，是蒲烧类料理时，味醂便是不可或缺的调味料，具有紧缩蛋白质，使肉质变硬的效果。烹调时加入味醂还能增添光泽，使食材呈现更诱人的色调。——译者注

闲逛、随意品尝美食的原因吧。

日记中，散见垂钓的记载。国之助从距离藩主位于神田桥的上屋敷数千米的隅田川东岸的自宅出门，前往竖川享受垂钓的乐趣。他还将钓上来的鱼带回到住处，和共事的藩士一起食用鱼汤。实乃兼具趣味性和实用性的休闲活动。

从伴四郎的实例中也可以看出，对于被限制离开屋敷的勤番侍们来说，基本上需要与一起共事、生活的藩士同僚在长屋中自己做饭，需要和伴四郎一样，从出入屋敷的商人那里共同出资购得必要的食材和调料。

国之助的日记中，虽然几乎没有记载像伴四郎那样自己做饭的情形，但却经常出现藩士们来往于对方住处一起吃饭的记录。想必是并非自己做饭，而只是去吃饭的缘故。

被迫在藩主宅邸过着贫苦拘谨的生活，无论对何方诸侯的勤番侍来说，都要互帮互助才能适应这种令人并不习惯的生活。从日记中，不难浮现出要自己动手才能换得一口饭吃的勤番侍们的艰苦奋斗之模样。

2. 为单身男性而生的外卖产业与加工食品

(1) 荞麦面等快餐极为流行

仅荞麦面店铺就有三千七百六十三家

江户的男性人数，远超女性，同时，单身者也很多。据幕府享保十八年（1733年）的人口调查，城中人口共计五十三万六千三百八十人。从男女性别方面来看，男性有三十四万零二百七十七人，女性为十九万六千一百零三人。男女之比几乎达到了二比一，其中多数为单身。

以单身男性为对象的服务产业，发展势头迅猛，其中最有代表性的就是外卖产业的发展。点餐后能够迅速吃到的食物，即所谓“快餐”，极受推崇。

只是，对占据江户武家人口大半的勤番侍们来说，离开藩主宅邸受到限制。之前也提到了，他们基本上依靠自己做饭过活。支撑外卖产业发展的，与其说是武士，莫不如说是町人。

一提到快餐，就会让人联想起其丰富的种类，其中最具有代表性的，当属荞麦面、寿司、天妇罗、鳗鱼等等。

首先，看一看江户城中数以千计的荞麦面店吧。

江户时代开始前，人们一般使用荞麦粉揉搓捏制“荞麦糕”或“荞麦饼”等块状食物进食。但进入江户时代后，这一食材就演化成切制为面状的荞麦面条，并渐趋主流。

江户初期，一提到面类食品，人们就会想到乌冬，虽说乌冬面店卖乌冬的同时也卖荞麦面，但因应荞麦面在江户人中变得日趋流行这一大背景，荞麦面店数目增加，逐渐反超乌冬面店。

据《守贞谩稿》记载，幕府末期的江户，大约一条街上就有一家荞麦。有“八百八十町”之称的江户，实际街道数目超过了一千六百条。据万延元年（1860 年）的调查所示，此时的江户，共有三千七百六十三家荞麦面店。

无独有偶，这一年恰恰也是纪州藩士酒井伴四郎在江户担任勤番侍的年份，他的日记里趁外出之时大啖荞麦面的记载，多达三十处以上。

这里需要注意的是，三千七百六十三家荞麦面店，只是常设店铺的数量，大家在历史剧中看到的那种移动

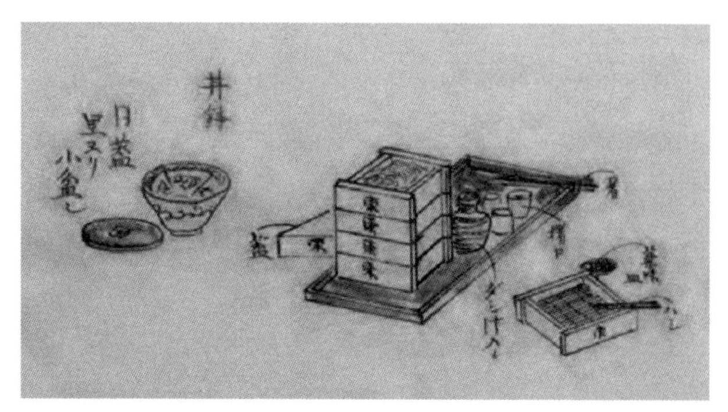

仅作为常设店铺的荞麦屋，就达到了三千七百六十三家（「守贞谩稿」日本国立国会图书馆藏）

面摊则不在此列。若加上屋台等流动摊档，荞麦面店的数目，应该超过五千家。

确保荞麦面如此大受欢迎的终极原因，还在于其售价低廉。不管汤面还是蘸面，价格一律每碗十六文，用如此低廉的价格就能制成荞麦面，完全仰仗在江户近郊的农村地区不断运转着的水车，但这一点，几乎从不为人所知。

"五人力"水车使得荞麦面价格降低成为可能

众所周知，荞麦面并不是光靠荞麦粉就可制成，这一点无论是现今，还是江户时代，都没有任何改变。一般来讲，需要用百分之八十的荞麦粉，配合百分之二十左右的小麦粉加以搅拌。这就是所谓“二八荞麦”一词的来源。人们耳熟能详的落语[①]“时荞麦”在引子中，也有“二八也就是十六文”的调侃桥段。无论是作为原料的荞麦，还是作为面引的小麦，都离不开制粉业，而在当时，人们普遍使用石臼磨制荞麦粉或小麦粉。

制粉业所使用的石臼，被称为“伊奈臼”，是因为使用了多摩郡（现东京都あきる野市）伊奈村生产的石头制成的石臼，故得此名。

直到江户中期，荞麦面店的老板，都需要从作为生产者的农民手中直接购入荞麦及小麦，尽管一般自家可以制粉，但由于是人力作业，制粉的数量自然存有上限，而且荞麦粉的价格上要算入人工费用，导致荞麦面的价格居高不下。

但是，进入江户后期，荞麦产地的农民，开始活用村里的水车，除了制作精米外，也开始磨制面粉。自打可以从产地开始直接购入荞麦粉和小麦粉后，荞麦面店

---

① “落语”，日本的传统曲艺形式之一，起源于江户时期，无论是表演形式还是内容，落语都与中国的传统单口相声相似。据说，落语的不少段子和中国渊源甚深，有的直接取自中国明末作家冯梦龙所编的《笑府》，后来又受到《宫廷野史》和《聊斋志异》等文学作品的影响，经过不断发展，才变成落语今天的这个样子。——译者注

就可以省下制粉的人力。由于与人力相比，水车可以大量制粉，荞麦粉和小麦粉的价格应声而落。这对于荞麦面店的经营者来说，可谓求之不得。

从水车磨坊（下）可见的淀桥风景（「江户名所図会」〈部分〉日本国立国会图书馆藏）

此前，水车本来是为了让农民能向水田里引水而设计的装置，但将石臼和石杵连接其上，利用水力作为动力，就能磨制面粉、制作精米精麦等等。石臼旋转运动（拉动），同时杵上下运动（捣动），轴心与齿轮紧密联动，在不使用人力的情况下，使磨制面粉与制作精米，变为可能。

而且，人力捣米，每人每天最多只能捣上四斗，但是，据说水车的效率能达到人力的五倍以上。这么说来，水车的确称得上“五人力”，且当属比“五人力”更难得的存在。因为水车可以没日没夜地工作，即使不吃饭、不喝水也不会有半句怨言。

因此，稍有财力的农户都会使用水车，他们接受城中白米店的委托，承包碾米工作。利用水车制作面粉、精米，成为这些富庶农家的副业。

对东京西郊的武藏野地区的富农来说，这种倾向体现得尤为明显。这个地方的土地，乃是开垦武藏野荒地而来，因为土质属于关东红土，并不适合用作水田，主要种植小麦、荞麦、谷子、稗子等作物。

有鉴于此，武藏野巨富地主，大肆收购农户种植的荞麦和小麦，用水车批量磨面粉，然后将荞麦粉和小麦粉低价批售。①

---

① 伊藤好一『武蔵野と水車屋｜江户近郊製粉事情』クオリ。

活用水力推动水车，荞麦粉和小麦粉这两种原料的价格得以降低。食客自然因此可以以很便宜的价格吃到荞麦面条。不言而喻地推动了此类食物的消费浪潮。

如此一来，在江户，荞麦面变得更受欢迎。“深大寺”等字号逐渐登场，不论是店铺还是屋台，荞麦店接连出现在东京的大街小巷，只是时间的问题。

料理用油增产， 天妇罗一串四文

天妇罗，亦是江户口味的快餐食品之一，原本是从西洋传来的油炸食品。江户初期，上方地区，即京都等地，将鱼肉糜外裹面衣后油炸的食物命名为“萨摩扬”，令其一举爆红。

另一方面，被称为“胡麻扬”的油炸蔬菜，也颇有人气，结果，炸鱼制品逐渐被人单独称为“天妇罗”，在那之后，天妇罗这一名称逐步得以确定下来。

因为要用油炸，天妇罗一般都是在露天的屋台排挡制作。顺利排出味道和油烟的同时，也能够避免家里着火的危险。将在江户湾捞上来的鱼虾贝类用油炸制，串成串摆在小摊上，沾上酱汁佐料食用。

天妇罗的标准售价为一串四文，和一个握寿司价格相同。天妇罗价格低廉，是面向普通百姓的大众食品，因此很受欢迎。而支撑着如此低价的，正是便宜的油价。

自古以来，油料主要作为灯油使用，本来生产量就很少。因此，料理用油并不怎么充足。到了江户中期，以京都及附近地区为中心的上方地区，开始盛行种植油菜籽和棉花，因此油料供给情况为之一变。从油菜籽中榨出来的菜籽油和棉花籽榨出来的棉花籽油大幅增产，并运送到江户，使得料理用油也因此变得丰裕起来。

油料产量能够大幅增长的背景和荞麦粉、小麦粉的情况一样，背后都有水车的影子存在。不用人力，而是灵活使用水车，才榨出了大量的油料。

依赖人力的时候，五个人搬动榨油木，一天最多也只能够榨出两石油，但是，如果利用水车的话，一天就能够榨出三石六斗油。而且，利用水车，不用花费人工，所以油价也变得越来越便宜。

因为轻易就能得到价格低廉的食用油，商贩得以向广大民众提供低价的天妇罗。如此一来，天妇罗得以和荞麦和握寿司一样，位添东京最受欢迎的快餐食品之列。

除了在京都及附近所谓上方地区生产的、被称为“下油”的菜籽油和棉花籽油通过海运方式被送到江户之外，关东地区的油菜籽和棉花种植也十分盛行，所以油料总产量十分巨大。关东产的菜籽油、棉花籽油被称为“地油”。与产自上方地区的油料相比，地油因运输费便宜显得更占优势，在江户占有了很高的市场份额。①

和其他快餐不同，天妇罗看似走的是更高级的路线。根据《守贞谩稿》记载，天妇罗的种类有星鳗、芝虾、芦笋、贝柱、鱿鱼等。江户后期文化年期间（1804—1818年），开始使用鲣鱼作为原料食材，备受欢迎，天妇罗开始向着高级化迈进。

甚至还出现了“出张天妇罗”这种营业模式，也被称为“宴席天妇罗”“大名天妇罗”，制作者会将食材和工具带到主顾家中，在就餐现场炸制现吃。这也是天妇罗的高级化路线之一。

(2) 调味的关键，关东酱油的发展

三个地区， 三种酱油

荞麦和天妇罗之所以被大量地生产并消费，固然可以从原料方面的原因加以解说，但除此之外，味道本身也是其受欢迎的重要原因。其中，酱油所发挥的作用居功至伟。

江户初期，主要的调味料还是味噌，酱油走入寻常百姓的生活，还是江户中期的事情。在此之前，这种调

① 『東京油問屋史｜油商のルーツを訪ねる』（幸書房）。

料都属于让庶民望而却步的高岭之花。

下面，简要考察一下酱油的历史。

酱油的原料是大豆、小麦、盐和水，但是，在奈良时代，却只存在以大豆为原料、被称为“酱”的东西。酱，不是液体，是像味噌一样的发酵品。进入镰仓时代，在酿造“金山寺味噌”① 的过程中，人们注意到从樽底流出来的液体。这种液体被推定为“溜酱油”② 的前身，而这也是液体调味料，即酱油的历史发端。

室町时代中期，关西地区开始酿造类似现代酱油的东西，“酱油”二字正式登场。关西各地陆陆续续开始出现酱油的特色产地，江户时期，大量的“下酱油”被运到江户。尤其是纪州汤浅和播磨龙野等地酿造的酱油，在江户市场占据较大份额。

---

① “金山寺味噌”，日本纪州名产，由来众说纷纭，其中最有力的是传自和歌山县由良町的兴国寺。镰仓时代建长元年（1249 年）远渡宋朝的法灯国师将“径山寺味噌”带回日本，并学会了制作方法。而这位法灯国师，便是在由良町兴建“兴国寺”的僧人觉心。此后，这种源自中国的豆酱做法，被传至交通便利、水质适合酱油制造的汤浅町和其他的地区。——译者注

② “溜酱油”，日本酱油的一种，由制作味噌时过滤出的澄清液演变而来，一直到江户时代中期还是日本的主流酱油品种。溜酱油以大豆为主要原料，由于熟成期长，酱油颜色深且具有独特的香味，通常作为蘸料或用于调制照烧汁。——译者注

根据制作方法，酱油主要分为浓口酱油、淡口（薄口）酱油和溜酱油三种，分别对应关东、关西及东海地区等不同的酿造产地。

浓口酱油使用等量的大豆和小麦酿造而成。因为经过充分的发酵和熟成，所以，浓口酱油具有色浓香重的特征。淡口酱油跟浓口酱油的原料虽然相同，但是在酿造过程中，抑制着色，所以颜色较淡。偶尔，淡口酱油也将酒酿和蒸米用作酿造原料。溜酱油则是以大豆为主要原料，加上少量小麦酿造熟成。色深、黏稠、味重，是其特征。

终于席卷全江户市场的关东浓口酱油

同样是在江户时代，即便到了元禄年间（1688—1704 年），关西酿造的淡口酱油，始终独占东京市场。根据享保十一年（1726 年）的统计数据，东京购入的十三万樽酱油中，淡口酱油就超过了十万樽。因为淡口酱油色淡味轻，所以一般作为调味料，以凸显烹饪食材本身的颜色和味道。

然而，关东酿造的地产浓口酱油，却逐渐将淡口酱油逐出江户市场。在江户地区，荞麦和鳗鱼等重口味食品十分受人欢迎，所以，跟淡口酱油相比，香味馥郁的浓口酱油更加符合食客口味。

如此一来，浓口酱油作为荞麦或乌冬面汤、鳗鱼蒲烧味汁的原料，得到广泛使用。又因能够去除鱼腥异味，浓口酱油也很适合搭配握寿司。浓口酱油的风味，与当时在东京深受欢迎的快餐食品极为合拍，这便是浓口酱油在市场上占有优势地位的主要原因。

关东地区的酱油酿造，始于德川家康去世的元和二年（1616 年）。"胡子田酱油"（ビゲタ酱油）[①] 的创始人，即田中玄蕃引入京都酱油制造技术，在"下总"[②] 的铫子地区开始着手酿造酱油。打那之后，关东各地纷

---

① "ビゲタ酱油"，日本著名酱油品牌，元和二年（1616 年），田中玄蕃在铫子地区创立酱油产业，当时的商标始是田中家的屋号来"入山田"。之所以后来被称之为"ビゲタ酱油"（胡子田酱油），有两种不同说法。一种说法是为了感谢出现在创始人田中玄蕃的梦中，托梦指明适合做酱油的水源地的"胡子"仙人表示感谢。另外一种说法是，在元禄时期（1688—1704 年）绘制"入山田"标志时，写在田字上方的入字的一端开始墨汁下垂，看起来像是一撇胡须，为了美观将入字的另一端也描长，就成了有趣的图案，也有这样的说法。不管怎样，自从"田"长了胡子之后就被称为"胡子田"。江户末期的元治元年（1864 年），为了应对物价高涨，幕府下达命令，下调市场价格。但是，包括胡子田酱油在内的七个品种被允许作为"最上酱油"维持以往的价格。至今，这个品牌商标左上方的"上"，作为质量保证的标志，依然保存着。——译者注

② "下总"，日本旧地名，位于今千叶县北部和茨城县西南部。——译者注

纷开始制作酱油。

起初，在味道和质量上，关东地产酱油都无法与关西所产的下酱油匹敌，后来，经过充分发酵和熟成，关东的酱油酿造业者终于生产出颜色深、香味浓的浓口酱油，并一举碾压淡口的下酱油，在江户后期独霸市场。

根据文政四年（1821 年）的数据记载，这一年江户入货的酱油总量，共有一百二十五万樽，其中，下酱油只有区区两万樽。实乃关东各地酱油酿造繁盛的标志性佐证。

关东的酱油主产地，数得上的，包括位于现在千叶县的下总、上总，以及地处茨城县的常陆等地，其中尤以下总的野田和铫子为首，二者在原料费和运输费方面，也要比关东其他酱油产区更占优势。

说到野田和铫子，都位于大量出产大豆、小麦的北总台地或常陆地带。其中要义在于，能够近在咫尺获得充分的原料保障，使得大量酿造酱油成为可能。如此一来，酱油价格也得以降低。

除此之外，得益于神田川和利根川等水运便利，上述产地在运输方面再得加分，将酿造出的酱油大量送往江户，运费便宜，酱油价格也就相对较低，加之水运比陆运更快，能够保存酱油的鲜度，而这些都是酱油贩卖的有利条件。

地产酱油魁首：野田和铫子之争

凭借得天独厚的优势条件，野田和铫子作为日本国内数一数二酱油产地的地位，得以确立。

将关西出产的下酱油挤出江户市场之后，两大产地开始进入争夺关东酱油霸主地位的全新阶段。

如上所述，关东地区率先酿造酱油的当属铫子地区。野田地区出产的酱油开始商品化，已是在约五十年后的宽文元年（1661 年）。

是年，临近野田的上花轮村的高梨兵左卫门家开始发展酱油酿造业，以此为发端，豪农巨贾纷纷加入。明和三年（1766 年），“亀甲万株式会社”[①] 的前身，茂木七左卫门家和高梨家一道，从做味噌改行生产酱油。

野田地区的酱油酿造业虽然处在后发位置，一路追赶铫子，但是从结果上来看，最终主导江户市场的，却是前者。原因还在于野田的地理环境，较之铫子更胜一筹。

如果要将大量的酱油运送到江户，从野田出发，通

① “亀甲万株式会社”（キッコーマン株式会社），日本知名食品制造会社，创建于 1917 年，总部位于千叶县野田市，其起源可追溯到 1630 年的茂木的家族生意。——译者注

过江户川，一天就可以将货物送到日本桥边的河岸。但是，铫子出产的酱油，必须沿利根川逆流而上，经关宿后才能进入江户川，这样一来，到达东京至少花费十天到二十天，而运输费势必要反映到酱油的价格之中，在新鲜度方面也明显处于劣势。

虽然在和野田争夺江户市场霸权的竞争中落败，但是，铫子出产的酱油质量绝对不逊于野田。从幕府时代开始，野田酱油的三个品牌，即龟甲万（キッコーマン）、ジョウジュウ、キハク，和铫子酱油的四个品牌，即“胡子田”（ヒゲタ）、ヤマサ、ヤマジュウ、ジガミサ，一起被称为“最上等酱油”。

在野田和铫子两地的引领下，关东浓口酱油的质量也取得了一定进步，加上浓口酱油适合荞麦、寿司、鳗鱼等快餐食品，成为其快速发展的重要原因。

(3) 粕醋支撑的握寿司风潮

从熟寿司、押寿司到握寿司

说起江户的快餐双璧，首先出现在人们脑海的，便是荞麦面和（握）寿司了吧。据《守贞谩稿》记载，每条街上都会有那么一两家寿司店，隆盛之势，压倒荞麦屋。

然而，握寿司是在文政年间（1818—1830年）才出现，比起荞麦面，历史并不悠久。在那之前，还是“熟寿司”和“押寿司”的天下。

江户时代以前所见到的熟寿司，是将盐渍过的生鲜鱼贝和蒸过的熟米一起腌制，使其自然发酵。放置相当长一段时间（数月直至二到三年）后，将已经变成粥状的米倒掉，只吃发酵后酸化的鱼。“琵琶湖”① 的著名特产“鲋鮨”，便是存留至今的熟寿司之一种。

进入江户时代，出现了缩短制作时间的“早寿司”。因熟寿司从发酵到可食，需要经过很长的时间，所以，人们在米中加入醋以缩短发酵时间。因为要使用发酵之后的米，形式已接近于现在的寿司。

同时，人们也开始想办法通过施加强压的办法，加快发酵。也就是说，将加了醋的米（醋饭）装进四方形的盒子，在米饭上面层铺切成薄片的生鲜鱼贝等寿司原料，盖上盖子，压上重物，定型之后食用。这被称为“押寿司”。

---

① “琵琶湖”，位于日本滋贺县，是日本中西部山区的淡水湖，面积约六百七十多平方公里，是日本的象征、国家公园和最大湖泊，日本湖沼水质保全特别措置法指定湖泊，被列入湿地公约国际重要湿地名录中。琵琶湖邻近京都、奈良、大阪和名古屋，为近畿地区一千四百万人提供水源，因此被称为“生命之湖”。——译者注

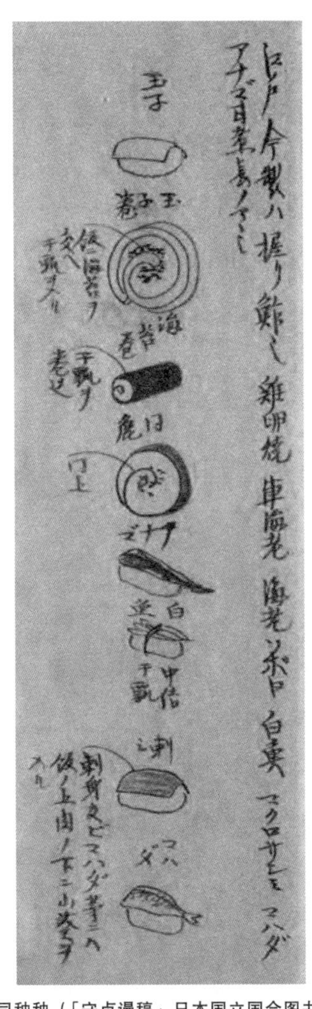

握寿司种种（「守贞谩稿」日本国立国会图书馆藏）

“押寿司”以盒装的形式售卖，照原样食用起来颇为不便，必须切开。但是，像现在这样，在握好的醋饭上，放上切好的鱼片，再蘸上酱油，立即就能食用了，握寿司由此诞生。

和押寿司相比，握寿司食用十分方便，因此在江户民众中大受欢迎，成为了江户快餐的标志商品。而其受欢迎的另一个重要因素，便是价格便宜。

握寿司的标准售价，大概为每个四文或八文钱，当然，如此低廉的价格，主要归功于粕醋。

食醋需求量的增大与甜口粕醋的兴起

自古以来，用于调味的醋，主要是以大米为原料的米醋。在用蒸过的白米加入曲子酿制的酒里，放入醋酸菌发酵，即得米醋。

醋（米醋）并不仅仅只是用来提味的调味品，其还兼具使食物得以长期保存的功能。

和其他调味料或香辛料调和而成的“什锦醋”，别有一番甜美风味，需求量也很大。醋和酱油（盐）混合而成的叫作“二杯醋”，醋和酱油以及砂糖（味醂）混合而成的叫作“三杯醋”。

醋是通用性很高的调味料，而且因为握寿司的人气急剧上升，醋的需求量随之暴增。其中最为引人注目的，正是以酒糟为原料制成的粕醋。

酒糟，乃是酒精酿造过程中产生的糟粕。将其存储二到三年至饴黄色，这时加水过滤，过滤后加入醋种，发酵而成的便是粕醋。比起米醋，粕醋甜味更重，兼具独特的香气。因为带有些许红色，所以也被称为“赤醋”。

握寿司的原料醋饭，并非只在米里加了醋而已。为了增加甜味，还需要投之白糖和食盐。仅靠米醋的话，无法想当然地提引出甜味。但是，要是掺拌甜口的粕醋，不放糖也能够做出来带有少许甜味的醋饭，这一点，渐为人知。

在此之前，酒糟主要用作“烧酎”① 或味醂的原料，或者干脆作为肥料，但因为能够与握寿司相结合，作为粕醋原料的酒糟开始受到瞩目，需求量随之大为增加。

酒糟，毕竟属于酿完酒后的废弃物，比起以米为原材料的米醋，粕醋有着原料价格更加便宜的优点。

不仅具备了和握寿司十分契合的甜味香气，又能被低成本制造，正是因为粕醋的出现，江户人得以用低价

---

① “烧酎”，是蒸馏酒的一种，经过“蒸馏”提升酒精度数，使用被称为“麹”的蒸过的谷物或薯类，也正因为有了麹，激发了原料的活力，使烧酎香味四溢。——译者注

格吃到握寿司。

主宰江户市场的尾张产粕醋

如此一来，在江户，使用了以酒糟为原料的粕醋的握寿司大受欢迎，从成本层面来看，酿酒业者来制醋是最有效率的。毕竟可以将作为废弃物的糟粕直接转用为制醋的原料。

但是，酿酒从业者参与制醋，却被视为一种禁忌。制醋中不可或缺的醋酸菌一旦混入正在酿酒的作坊，就会生成醋酸，进而引发阻碍酵母发酵酒精的危险。

制醋很有可能对酿酒造成致命打击，所以应该没有酿酒师会下定决心制醋才对，但是，偏偏有人敢于挑战。这便是尾张国知多郡半田村（现爱知县半田市）从事酿酒业的中野又左卫门一家，而其也正是现在日本的调味料巨头“味滋康集团”（ミツカングループ）的前身。

中野家制造粕醋，始于文化元年（1804年）。当时，尾张、三河等东海地区酿造的酒运往江户后的销量极度低迷，被上方酿造的酒夺走了市场份额。不断有同行被迫停业，不幸也许明天就会降临到中野家头上。

为摆脱经营危机，中野家孤注一掷，冒险进入了可能对酿酒造成损害的制醋行业。虽然是一步险棋，但由于握寿司大受欢迎，对粕醋的需求大幅度提高，他们因此找到了活路。

不出所料，大量输入江户的粕醋很受欢迎。由于同时还在坚持酿酒，可以将酒糟直接作为制醋的原料。随着所得利润的增多，中野家得以利用发展顺遂的制醋业利润，填补酿酒所产生的亏空。

通过多元化经营来分散风险，尾张的其他酿酒业者，以成功摆脱经营危机的中野家为榜样，开始下决心制醋。如此一来，尾张作为粕醋产地的形象，得到广泛宣传，但背后的动因，却是喜爱握寿司的江户人的消费动向。[①]

(4) 味噌汤与日式高汤的普及

因味噌而兴的仙台藩

与酱油同是日本独有调味料的味噌，根据原料的不同，又分为米味噌、豆味噌、麦味噌。正如“手前味噌”[②] 这个词的本义那样，直到江户时代，自家作酱还十分普遍。

但是，进入江户时代后，随着外卖产业的蓬勃发展，

---

① 日本福祉大学知多半島総合研究所・博物館「酢の里」共編著『酢・酒と日本の食文化』中央公論社。

② “手前味噌”，日本口语中一般引申指代自吹自擂，偏贬义。——译者注

专门制作味噌的味噌店也陆续诞生。味噌的买卖，变得不再令人大惊小怪。

据《守贞谩稿》记载，京都、大阪每年冬天都会有很多人自制味噌，但是说来江户却无人自制。江户，算不上盛产“手前味噌”的城市。

在江户，除了食用使用麦曲制作、被称作“田舍味噌”的红味噌以外，还大量食用以米曲和大豆为原料的江户甜口味噌，除此之外，乡土风味浓郁的地产味噌也颇为流行。

其中最具代表性的，便是仙台味噌。这是一种红褐色，带有浓厚香甜味道的辛口味噌。

原本，味噌打着鲜明的地域烙印，有着让本地人习惯熟悉的味道。但是，到了江户时代，由于参勤交代制度的出现，大名必须履行隔年前往江户居住的义务。随从大名来到江户的大批藩士们也是一样，但将熟悉的味噌运到江户却是一件难事。因为，无论如何，这样一来，味噌的鲜度都会下降。

在这个当口，仙台藩琢磨出了一个好点子。第二代藩主伊达忠宗，为了让居住在江户藩邸的藩士们能够分得一点老家的味噌，将大豆、米曲等原料带入大井（现品川区）的下屋敷，在设在这里的味噌作坊里开始酿造仙台味噌。这也可能是在江户购得的田舍味噌和江户甜口味噌，实在不合仙台出身的藩士们的口味的缘故吧。

大井屋敷制作的味噌，除了自家用之外，还用于紧急状况下的不时之需。剩余的味噌则分赠近邻，却得到了意想不到的好评。这种在江户无缘品尝的辛口味噌，再加上物以稀为贵，一时备受追捧。其他藩在己方江户藩邸里产出的味噌，大概也是一样的境遇。

江户经销味噌的“问屋”①，捕捉到了上述好评，开始作为代理经营大井屋敷自产的仙台味噌。结果便是，仙台味噌一跃成为江户最受欢迎的味噌品种。由此斩获的丰厚利润被仙台藩征收后，大大充盈了地方财政。

进入明治时期，仙台藩将大井屋敷内的味噌作坊，出让给一位名叫八木的商人，八木家则继承吸收了仙台味噌的酿造工艺。现在，位于东京都品川区的八木合名会社仙台味噌酿造所，依旧沿用旧法制造和当年口味别无二致的仙台味噌。

鲣节的技术革新和东北出产的昆布

自古以来，日本料理为了做出美味的日式高汤，即所谓“出汁”，会使用到菌菇干和杂鱼干，进入江户时代

---

① “问屋”，直接从生产者处得到货源，负责代销，或者收购后推销给二级批发商的商家，在江户时代最为兴盛。——译者注

大声吆喝贩卖初鲣的英姿（「守贞谩稿」日本国立国会图书馆藏）

后，出汁的制作原料出现了很大的变化，其中首屈一指的，便是鲣节和昆布。

鲣鱼是日本人非常熟悉的鱼。正如“才见乔叶绿，又闻杜鹃啼，夏至木鱼美，独钓此山中”这首俳句所象征的那样，作为江户具有代表性的人气应季新品，加上没有现在的冷冻设施，一般来说，与其做成刺身，鲣鱼通常还是被加工成为鲣节加以消费。

将鲣鱼烘干后上撒上霉菌制成的鲣节，虽然是在室町时代出现的食品，但是当初以纪州为中心，生产曾经一度极为繁盛。进入江户时代，这种加工技术相继传入土佐、伊豆、萨摩等地，产地随之沿太平洋沿岸逐一诞生。当然，作为发源地的纪州和土佐，鲣节质量相对更高。

在此之前，鲣节的做法只是简单的日晒干燥，但后来开始使用栎木、橡木等烟火熏蒸，强化了干燥程序。与此同时，还一并引入了在鲣鱼表面喷撒优质的青霉，以抵御其他的杂菌增殖的制法。

不仅仅是单纯干燥，还反复加入霉菌，因此做出了香气馥郁的鲣节。由于使用如此精制而成的鲣节熬制出汁，江户的料理水平日渐精进。

从江户时代以前开始，因为鲣节与“胜男武士”①同音，成为武士们非常喜欢的吉祥物。进入江户时代后，不仅在武士之间，即便在町人当中，鲣节也被广泛用作贺礼之用。由于作为礼物馈赠的需求增加，鲣节的产量

---

① “胜男武士”，是指鲣鱼的日语发音为「カツオ」与“胜男”同音。而鲣节的发音为「カツオブシ」与“胜男武士”同音。在日本的很多地区，五月初五男孩节，有男孩的家庭，会为孩子挂起一串鲤鱼旗，称为“鲤帜”，寄托希望孩子像鲤鱼跃龙门一样，不畏困难，健康活力地成长的美好愿望。但有一些地区，这一天不挂鲤鱼旗，而挂的是鲣鱼旗。因为所以这些地方比起鲤鱼旗，更喜欢用鲣鱼旗来寄托对孩子的祝福。——译者注

和价格随之水涨船高，最终成长为江户文化的代表食品之一。

作为江户时代广泛普及的调味料，“昆布”① 也不可错过。虽然只生长在三陆以北，但到了江户时代，随着西环航线的开发，除了东北地区出产的以外，“虾夷”②地产的昆布也开始大量运送到关西地区。由河村瑞贤③开发的西环航线从东北、北陆诸港经由日本海、下关、濑户内海到达大阪。

运往关西的大量昆布，不仅用作出汁原料，还被加工成腌渍产品出售。“精进料理”④ 中，也有使用。而这

---

① “昆布”，在日语中是个集合名词，指海带科的多个物种（也有说是指海带属的多个物种）。其中，日语中的真昆布及其变种与中文中的“海带”是指同一物种。——译者注

② “虾夷”，为北海道的古称。而虾夷人则是古代日本的族群之一。根据其地理分布分为东虾夷、西虾夷、渡岛虾夷、渡觉虾夷等。虾夷是指他们毛发长如虾须。——译者注

③ 河村瑞贤（1618—1699 年），又称瑞轩，伊势人。初在江户经营木材，因“明历大火”而获巨利，成为豪商，此人懂海运、水利，受幕府之命开辟环东、西海岸的两大航线，并修整疏通淀川、安治川等水道。——译者注

④ “精进料理”，简单理解可指素斋。日本的所谓精进料理，和佛教修行有莫大的关系，“精进”二字来自梵文“VYRIA”一词，译为“毫不懈怠、修善止恶”。也有将“精”解释为（转下页）

种风潮，随即席卷江户。

（接上页）“摒弃杂念、专心修行”，将“进”解释为“在日复一日、不间断的修行中毫不懈怠”，总之，可以看出这种料理追求远离污秽不净之物的意味。到了镰仓时代，禅宗曹洞宗派创始人道元禅师及曾经在宋朝学习过的僧人正式确立了精进料理的仪轨。他们运用中国的粉食技术，制作出丰富多样的食物，运用禅院的烹饪方法料理植物性食材，学习饮茶与茶道，研习奠茶礼仪。实际上，精进料理就是建立在禅宗寺院细致复杂的敬佛、理事、待客茶礼之上的饮食模式，而不只是食用素食那么简单。精进料理运用蔬菜、藻类、豆制品、菌类等食材，用清淡的调味来制作美食。在室町时代的武家教科书《庭训往来》中，曾经记载了多种精进料理：豆腐羹、雪林菜、山药、豆腐、笋、萝卜、山葵菜汁、红烧牛蒡、海带、土当归芽、煮黑海带、煮蜂斗菜、芜菁、醋腌茗荷、醋泡茄子、黄瓜、暴腌咸菜、纳豆、炒豆、醋拌裙带菜、酒炒松茸等，还有一些用植物性食材做出的动物性食材味道的菜品，比如伞菌炒雁、炒鸭等，名为肉类，实为素食。由于食材都是味道清淡的植物性原料，在烹饪过程中，料理人在调味上花了更多心思，而不是像以往的料理，将重点放在对动物性食材处理的刀工上。精进料理调味运用的汤底主要是昆布汤，调味料包括酒、味醂、酱油、醋等等。旧时，烹制精进料理的人都是寺院僧人，而非传统意义上的厨师，所以他们在烹饪料理时也会对自己有心灵层面的要求，比如勿忘“三心”，即愉悦修行的“喜心”，如父母对子女一样无私深情的“老心”，以及不带偏见、以平等公正之心看待万物的“大心”。在烹饪精进料理时，也会尽量将每个食材的所有部分都物尽其用，不浪费任何自然的馈赠。当然，精进料理并非一直都是仅限僧人食用的料理。随着茶道的普及，精进料理也在寺庙之外流行开来。在镰仓时期，王宫贵族举行宴会的时候，也会引入一些素斋，由专门的精进料理人来负责制作唐纳豆、魔芋、唐粉、素面等食物。——译者注

3. 品牌菜蔬与各地果物

(1) 江户菜蔬：练马大根与小松菜

只吃白米饭导致的“江户病”

面对超过百万的消费人口，每天都有相当庞大数量的生活物资被送至江户，其中数量最为庞大的，便是大米。

正如序章所述，江户时代，通过积极开垦新田，大米产量增长迅猛。幕府和诸位大名，则把从作为生产者的农民那里征收来的年贡大米中相当部分抛售兑现，补充当年财政。而卖米换钱之所，多是江户和大阪等拥有庞大消费人口的都城府邑。

特别是在江户，因为大量抛售，所以米价相当便宜。如此一来，即便囊中羞涩的町人也能吃到白米，并将其用于三餐日常食用。

原则上，送到江户的米，也就是糙米，由经营大米的问屋接手，再批发给作为中间商的“仲买”①，最终卖给零售终端，即捣（舂）米店。所谓捣米店，就是俗称的米店，业者用臼把糙米碾成精白米零售贩卖。

根据宽政三年（1791年）九月的数据，整个江户有捣米店两千六百九十九间，捣米磨有六千零六十二盘。零售价格比从仲买的进货价格多两成（一成是碾米的成本，一成是捣米店的利润）。

与以杂粮为主食的农村对比，以精米为主食的江户却爆发了不能忽视的问题。因为只吃精米很少吃菜，导致因缺乏糙米所含有的维他命B1，容易患上被称作“江户之恼”的隐疾，也就是脚气病。

为了改善如此单一的饮食结构，均衡摄取营养，蔬菜自是必不可少。但是，当时缺乏可以维持鲜度的冷藏设施，新鲜蔬菜只能依赖近郊的农村。因此，不久之后，面向江户市场的蔬菜种植，便在近郊农村兴盛了起来。

---

① “仲买”，江户时代介于问屋与小贩、货主间的中间商。出现稍晚于问屋。随着商业发达，其商业机能分化成为商品流通系统中专事各种订货、搞成交买卖的一环。从小商贩那里接受米、谷物、薪炭、砂糖、盐、干菜、鱼类、木材等物资的订货，再由问屋处贩卖给小商贩。对棉花则是从生产者手中买来再转卖给问屋。江户中期后，结成不同地域，不同业务的仲实间实行垄断。幕末由于独自买卖商品增多，使仲买与问屋区别趋于模糊，到明治时期已与问屋具有相同机能。——译者注

为江户供应蔬菜的近郊农村范围，以陆运来衡量的话，是大约三十公里半径以内的地方，但利用水运的话，就会扩展到半径五十到六十公里的广大区域。

大米增产，即便町人也开始逐渐常食白米
（「守贞谩稿」日本国立国会图书馆藏）

虽说都是江户近郊的农村，但因土壤属性的不同，栽培的蔬菜品种各有不同。在关东“垆坶质”[①] 土层堆积的江户西郊台地，盛产大根（白萝卜）、人参（胡萝卜）、牛蒡之类的根茎类蔬菜。由荒川、江户川、利根川冲积形成的江户东郊低地，则适合栽培水芹、青葱等的叶类蔬菜。

面向江户栽培的蔬菜，除了敬奉给将军居住的江户城及大名、幕臣的屋敷以外，其余部分都送到了江户各地的蔬菜市场，即神田、驹入、千住这三大市场。

江户东郊农村栽培的蔬菜，被运进神田市场。这里承担着替幕府在江户城收取新鲜蔬菜的任务，而其主要通过问屋加以执行。

驹入市场的蔬菜，主要来自中山道和日光御成道沿线的农村地区。一般情况下，问屋从货主也就是农民处收取佣金，收储蔬菜并批发给仲买。但驹入市场的做法不同，不通过类似二道贩子的仲买，直接在作为货主的农民和仲买以及作为零售终端的果蔬商，即“八百屋”[②]

① “垆坶质”，又作“ローム層”，是指火山灰风化后形成的赤茶色土壤，未改良前并不适合直接耕种。——译者注

② “八百屋”，果蔬店的别称，对此名称的由来，存在不同说法，其中比较可信的是江户时代，经营青果物，即食用蔬菜、水果、山野菜「せいかぶつ」生意的老板，被叫作“青屋”，即「あおや」，时间久了就变成谐音「やおや」，也就是现在的八百屋。——译者注

之间撮合交易。

位于“日光街道”[1] 千住宿附近的千住市场，主要由日光街道和水户佐仓街道沿路的农村供应蔬菜。因为附近有荒川经过，这里除了蔬菜问屋之外，还有河鱼市场（问屋）。

另外，东海道沿线的农民，和驹入市场一样不通过市场，而是在交通沿线的品川和高轮台，直接向仲买和零售小贩出售菜品。这种方式，被称为“立卖”。

江户近郊诞生的品牌蔬菜

以江户近郊农村活跃的蔬菜生产活动为背景，受人追捧的蔬菜以地名和品种名结合的方式，开始向品牌化方向发展。江户品牌蔬菜的例子有练马大根、千住大葱、早稻田“蘘荷”[2]、谷中生姜、小松菜（葛西菜）等等。其中，小松菜这个品牌，更是由将军大人一锤定音。

贞享四年（1687 年）发行的江户的地方志书《江户

---

① “日光街道”，是日本江户时代的五街道之一，是为了自江户城前往祭祀德川家康的日光东照宫而铺设。日光街道的起点为日本桥（东京都中央区），终点为日光坊中（栃木县日光市），沿途共设有二十一个宿场驿站，其中便包括千住宿场。——译者注

② “蘘荷”，又称茗荷，日本香辛蔬菜，类似于野良姜，可凉拌或炒食，也常用來腌渍，味芳香微甘，而且有很多功效。——译者注

鹿子》中，就曾将江户东郊葛西地区出产的青菜作为江户周边名产，加以介绍。

享保二十年（1735 年）发行的江户地方志书《续江户砂子温故名迹志》中，也评价葛西菜柔软甘甜，实乃他地无产的珍品。

葛西菜因为美味广为人知，渐成江户名物。其中在小松川边生产的最为优良，特称“小松菜”。赋予这个名字，正是第八代将军德川吉宗。

吉宗因为猎鹰到访小松川时，当地农民曾把自己培育的葛西菜做成清汤献给将军。吉宗尝后口舌生津，便赐下了小松菜这个名称。通过这个小故事，可以了解到，将军大人为小松菜的品牌化，作出了很大的贡献。

顺便一提，将军及其家人所吃蔬菜，是在江户城内吹上庭园近郊的农地里所种植的。蔬菜也被称作“前栽物”，幕府会在江户城内和近郊农村开垦菜田，专门培育供将军所吃的蔬菜。

为了栽培当时被视为高级果蔬的“真桑瓜”[①]，幕府在多摩郡府中村（现东京都府中市）设立了一个被称作

---

① “真桑瓜”，一年生蔓生瓜科，根茎低矮拖地，叶子如手掌分瓣，夏开黄花，果实呈椭圆形，有黄、绿色等条纹花样，性甜、可食用。中医将其未熟果的花萼干燥，用于催吐。此瓜原产于印度，类似于甜瓜。——译者注

御瓜田的御用栽培场，让真桑瓜原产地美浓国上·下真桑村（现岐阜县本巢市）的农民移居来此予以种植。

各藩的江户屋敷内均开垦有农田。比如，在冈山藩的大崎下屋敷（现东京都品川区），让周边的农民出入种植小麦、茄子、萝卜、芋头等作物。收获的菜蔬，除供冈山藩的江户屋敷所用之外，剩余部分出售，贴补年度财政收入。

曲亭马琴也钟爱有加的日本第一萝卜：练马大根

说到和小松菜一起被品牌化的江户蔬菜的代表，就属练马大根（萝卜）了吧。

江户西郊的农村，也就是现在的东京练马区周边，是种植根茎类蔬菜，特别是萝卜的地域。一方面，向江户市场输出用于炖煮的生鲜萝卜，另外推向市场的，还有用于自家制作“泽庵”[①] 的萝卜干。也有人直接加工泽庵等渍物（咸菜）再行出售。

练马大根在第五代将军德川纲吉统治的元禄时期扩大生产，跻身江户名产行列。享保年间（1716—1736

① “泽庵”，采用米糖等腌制成黄萝卜干，原型为中国福建等地的“黄土萝卜”。明朝时期，日本泽庵法师来中国修习佛法，把中国福建的黄土萝卜做法带到了日本，日本为了纪念他就把这种萝卜干叫作“泽庵”。——译者注

年），经过品种改良后，这种萝卜，已经成为进献给将军的贡品。

这个时代，在将军继位之际，存有一项惯例，与幕府保持外交关系的朝鲜，会派遣使节前来日本祝贺，也就是所谓的“朝鲜通信使来日”。但是，很少有人知道，练马大根雀屏中选，成为馈赠朝鲜使节的归国伴手礼。

但是，直接带回朝鲜的萝卜，鲜度会有所下降，取

卖菜场景。篮子里装着萝卜、葱等。同时售卖的还有花（上）。（「守貞謾稿」国立国会図書館蔵）

而代之，使节选择带着种子和练马村的土壤返回朝鲜。毕竟缺乏练马村的土壤条件，带回的种子长势不如预期。延享五年（1748年）六月访日的通信使一行，特地将装有种子和土壤的两个箱子（一箱七百二十千克）带回了朝鲜。

被选为馈赠外交使节的名优土产，练马大根俨然已被幕府下达公文钦定为代表日本的蔬菜。实际上，幕府编撰的官修地方志书《四神地名录》中，也的确给与其日本第一萝卜的评价。

也因为得到了幕府的背书，打出品牌的练马大根，在江户成为炙手可热的蔬菜品种，那这种萝卜做成的泽庵渍物也很有人气。

在平安时代，人们使用食盐和米糠腌制萝卜咸菜，但进入江户时代后，完全无需搅拌，改用重石压浸的泽庵渍物问世。将练马大根加工成泽庵渍物时，通常选用此前用作酒樽和醋樽的“四斗樽”（盖的直径和樽的高度大约在五十四厘米）腌渍。一次能够腌六十到七十根萝卜干。

如非自家食用，而是面向江户市场大规模生产时，会使用一种叫作“とうご”的大樽（盖子的直径是一百五十八厘米，高是一百八十二厘米）。其容量是四斗樽的六十倍以上，可以腌渍四千根以上的萝卜干，并承载三十块以上三十至五十公斤重的压石。

不管是大根还是泽庵，从练马村到江户，都要用“大八车”，即大型板车加以运输。一个板车可以装五十捆（一捆五根）生萝卜，或五个四斗樽（一樽七十至九十根）的泽庵运到江户。

自家制作泽庵渍物，需要购入萝卜干，当然也有免费的方法。作为人粪肥料的对价，练马村等地的村民，会以萝卜干代偿。

现在或许无法想象，但当时，人们把屎尿叫作下肥，而其对农作物来说堪称珍贵的肥料。农民们需要付钱（或蔬菜），才能掏取屎尿，这与今天的情况，截然相反。

在近郊农村，锁定江户市场的蔬菜生产活动盛行一时，可以提高肥料效果的下肥需求自然变高。农民会和武家屋敷等分别签订合同，支付金钱，或缴纳特定数量的萝卜干或茄子，来换取掏粪的权利，乃是惯例。

先前提到过的曲亭马琴，住在神田明神附近的时候，作为授权给练马村农民伊左卫门掏粪的对价，一年会收到萝卜干和茄子各三百根。当时，马琴家里共有七口人，其中的两个孩子被算作一个大人，共计六人份的现货代偿。根据契约规定，每个大人，会得到萝卜干和茄子各五十根。

之后，马琴将下肥换取的练马大根，在自家腌渍，一尝泽庵渍物的风味。[①]

(2) 超人气：纪州蜜柑和甲州葡萄

纪伊国屋文左卫门的逸闻?

江户仰仗近郊农村供给的，不仅有蔬菜，还有水果。面向江户的水果栽培，在近郊农村也很是兴盛。

日本原产的水果有梨、栗、柿等品种。进入奈良时代，和现在的东西稍有不同的桃子、蜜柑、金桔等水果相继上市。只不过，这在当时，只被作为宫中及贵族社会的馈赠佳品，与梨、柿等不同，属于与庶民无缘的高级水果。

室町时代，日本开始栽培葡萄、西瓜等果物。进入江户时代，全国各地水果栽培日渐繁盛，名优特产不断诞生。根据享保元文年间（1716—1741 年）完成的《诸国产物帐》所记，果物栽培的热潮，基本按照柿、梨、桃、梅、莓的顺序展开。在宝历四年（1754 年）发行的《日本山海名产图会》中，大和御所柿和纪州蜜柑，作为特产，有所记载。

在江户，因为新鲜水果的人气很高，作为生产者的农民也产生了尽早上市的倾向，他们注意到，在缺货时

---

① 『新版練馬大根』練馬区教育委員会。

期，即使水果的价格高企，依旧供不应求。

但是，不希望价格高腾“町奉行”[1]，早在贞享三年（1686年），便颁发了上市限制的法令，规定枇杷在五月、苹果在七月、梨在八月才许可上市交易等事项。但实际上，相关限令并没有得到遵守，而同样的法令，依旧反复出台。

作为江户时代后期的农学家广为人知的大藏永常，在其所著《广益国产考》中，推荐栽培蜜柑、葡萄、柿子、梨子等四种水果。虽说这些水果都有很高人气，但其中最火者，当属蜜柑。

该书提到，在“三都”（京都、大阪、江户）出货的蜜柑一年达到了一百五十万筐。虽然不知道一筐装几个这种准确的数字，但应该超过了一千万个。

说起蜜柑，元禄时期豪商之代表，即纪伊国屋文左卫门的传说颇为有名。这位给人以挥金如土、花钱如流水的强烈印象的商人，传闻在暴风雨中，用船将大量纪州蜜柑运往江户，并以高价卖出，赚取巨金，而这个故事，像真实发生过一样，流传甚广。

但是，实际上文左卫门和蜜柑一点关系也没有。因

---

① “町奉行”，江户幕府的官职，掌管领地内都市的行政、司法。幕府与各藩都设有这一职位，但是一般所说的町奉行专指江户町奉行。江户以外的幕府天领都市之町奉行，如大阪町奉行等，总称远国奉行。——译者注

为在元禄时期兴起蜜柑热，再加上注目于纪伊国屋这样的商号，出现了将文左卫门和纪州蜜柑扯到一起的小说①，似乎才导致了这样的都市传奇。真相是，文左卫门作为幕府的红顶商人，垄断了木材的供应，才最终成为置办下巨额资产的木材富豪。

纪州藩的强力扶持

无论过去还是现在，蜜柑都属于代表性的温带水果。在江户时代，纪伊、摄津、三河、远江，是人们耳熟能详的蜜柑产地，而纪州蜜柑的发端，始于天正年间（1573—1593年），一个叫伊藤孙右卫门的人，把肥后国八代地区的蜜柑，移植到了纪伊国有田郡。因为土壤品质相合，产出的蜜柑异常美味，并最终推广至纪州全境，在这个过程中，藩主发挥了一锤定音的重要作用。

江户初期，纪州国主，乃是“外样大名”② 浅野家，

---

① 為永春水『黄金水大尽盃』。

② “外样大名”，是关原之战前与德川家康同为大名的人，或战时曾忠于丰臣秀赖战后降服的大名，属于这一类的叫作“外样大名”。他们有的拥有雄厚实力，如加贺藩的前田利家领地、萨摩藩的岛津忠恒领地、仙台藩的伊达政宗领地，三者皆外样大名而又是全国领地最多的诸侯，却没有亲藩或谱代大名的权力，又常被幕府监控。因为外样大名的领土多在偏僻的边远地区，在锁国时期反而最容易跟外国势力结合，成为倒幕的主（转下页）

但在灭亡丰臣家的“大坂夏之阵”[1] 之后，被转封到广岛。远在骏府城（静冈）的德川家康的第十子德川赖宣，成为了新任国主，纪州德川家由此诞生，而赖宣的孙子，便是给小松菜命名的将军吉宗。

成为纪州新国主的藩主赖宣，对自己封地下辖有田地区出产的蜜柑青睐有加，并下令增产。

以此为契机，纪州栽培蜜柑的热情大涨，此地多山，不适合种植水稻，大米产量偏低的劣势明显，但蜜柑产量增加，使得纪州藩变得富足起来。

起初，纪州只向临近的都市大阪输出蜜柑，宽永十一年（1634 年），江户地区成为了新的出货地。不出所料，纪州蜜柑在江户地区也博得好评。

最初通过海路运送到江户的蜜柑只有四百筐（一筐大约十五千克），但注意到江户地区的好评，纪州地区在

（接上页）要动力。德川家康把亲藩、谱代大名、外样大名这三种类型的大名混杂相间，使亲藩和谱代大名监视外样大名。——译者注

① “大阪夏之阵”，是大阪战役的一部分，堪称日本历史上扭转乾坤的一刻，此役后，作为战胜方的德川家一鼓作气，统一了日本四国五岛，结束长达一百多年的战国动乱，进入大一统时期，但是因为战乱而产生的反战思想也致使德川家康的后继人产生了闭关锁国的念头，日本表面上迎来了和平时代，实际上开始走下坡路。——译者注

宽永十二年（1635年）向江户运送的蜜柑量大幅度增加，较之宽永十一年增长了五倍，达两千笼，也就是三十吨。

元禄年间（1688—1704年），纪州蜜柑销向江户的出货量，一跃高达二十五万至三十万筐（三七五〇至五二五〇吨）。由于纪州蜜柑大量上市，江户地区迎来了蜜柑消费热潮。与此同时，纪州的蜜柑栽培技术也有了飞跃发展。弘化二年（1845年），蜜柑的出货量达到了一百万筐（一万五千吨）。

盛产美味蜜柑的纪州离江户地区很远，难免会存在鲜度受损及运费较高等不利之处，但好在江户近郊没有盛产蜜柑的强劲竞争对手。这样一来，纪州蜜柑在江户市场上获得了较高的市场占有率。

因为纪州蜜柑大量上市，其价格也变得十分便宜。这种原本只能由社会上流阶层人士独享的珍品，此时变身成为普罗大众都可以入口的水果。

通过海运从纪州运到江户的蜜柑，全都被经营纪州蜜柑的问屋购入，即采取了所谓的专卖制。之后，再通过在日本桥四日市町开设蜜柑市场，将其转卖到水果商手中，最后，蜜柑才会被送到江户人的餐桌。

纪州蜜柑的贩卖与纪州藩息息相关，其实，不仅仅是水果贩卖，水果的生产、运输，都和贩卖一样，与纪州藩存在莫大干系。纪州蜜柑得以大幅增产，并被顺利运到江户，都离不开纪州藩的强力后援。

在纪州藩内的农村地区，编成了叫作“蜜柑方”的组织。蜜柑的生产地被分成了若干个组，通过这些组，蜜柑增产的方法得到大力推进。

满载着从领内各地收集而来的蜜柑的运输船，高挂写有“纪州藩御用”字样的灯笼，借此发挥威力。据说看到这个灯笼后，其他船只就会为纪州运送蜜柑的货船让路。这便是“德川御三家”①，即所谓葵纹家徽的声威所致。即使是到达中途停泊的港口，纪州藩的货船，也会享受到各种各样的便利。

纪州蜜柑在运送到江户过程中享有优待，并在江户

---

① “德川御三家”，德川家康在统一日本后，在江户建立幕府，称作江户时代。后代史家称“德川幕府”。德川家康为了巩固自己的政权，跟之前的幕府做法一样，把全日本各地的大名按照与德川家的亲疏关系分为三级。最亲密的大名是与德川家有血缘关系的，他把江户附近土地封给自己的亲属，称为“亲藩大名”。其中以德川家康的九男德川义直、十男德川赖宣，和十一男德川赖房最亲，称为“御三家”。如果将军无子，便会从“御三家”中挑选一合适对象，过继给将军做养子来继承将军职位。御三家，准许用德川姓氏及德川家的家徽三叶葵纹，但只限家督，三叶葵也存在“尾张三叶葵”（双叶表葵）、“纪州三叶葵”（一叶表葵）、“水户三叶葵”（三叶背面葵）等若干差异。——译者注

市场上占有最大的市场份额，都得益于纪州藩的全力支持。

当然，这对纪州藩来说，也是莫大的好事，因为其会向种植蜜柑的农民征收蜜柑税。纪州蜜柑大卖，很大程度上缓解了纪州藩的财政困难。而这也是从蜜柑的生产到运输，纪州藩都给予强大后援的原因所在。

自家庭院里的果物栽培

前文提到的《广益国产考》中推荐栽培的水果中，和蜜柑一样，葡萄在江户也大受欢迎。这里指的，便是产自甲州的葡萄。

室町时代，日本开始种植葡萄，到了江户时代，甲州，尤以胜沼，作为葡萄的最大产地而逐渐抬头。元禄十年（1697 年）刊载的《本朝食鉴》中记述，葡萄的最大产地，当属甲州，骏河次之，二者共同向江户供应葡萄。

因在江户受到好评，得以向江户大量运送葡萄之事，同纪州蜜柑别无二致。葡萄的价格也如蜜柑一样，由此变得便宜，从高级品变成了大众普遍能吃得起的水果，可以说是因为江户的巨大需求，使甲州葡萄产量增加的缘故。

甲州葡萄，集中于胜沼宿的问屋手中，经由“甲州街道”[①] 直接送到神田的蔬菜批发市场。之后，再通过水果问屋将葡萄贩卖到市区。

江户的果物，不仅仅由近郊农村或各个地区供应，在江户城区的居民自家院子里种植水果的情况，也并不少见。

从马琴的日记里不难窥见，除了将干萝卜腌制泽庵渍物供自家食用外，他还在自家院中栽培柿子、李子、香梨、石榴、葡萄等水果供自家食用，并会把多出的水果卖钱变现。

葡萄枝繁叶茂，十分显眼，容易被盗。不仅仅是葡萄，据说石榴也会屡遭盗难。[②]

《广益国产考》中同样推荐种植的水果，即香梨和柿子，也有专门面向江户市场栽培的产地。武藏国橘树郡宿河原（现东京都稻城市、神奈川县川崎市地区）种植的“多摩川梨”、下总国葛饰郡八幡（现千叶县市川市）种植的“八幡梨”，都已打响品牌。

柿子中被称为“立石柿”的信州柿子最受欢迎。其产地为现在的长野县饭田地区。因是进献给将军的贡品，

---

① “甲州大道”，五大道之一，指从江户日本桥经内藤新宿至甲府的大道。——译者注

② 高牧実『馬琴一家の江户暮らし』中公新書。

深受欢迎。

巨大都市江户的旺盛需求，为面向江户市场的蔬菜水果种植产业注入了巨大活力，以近郊为中心的专门产地接连成型。而其也成为支撑江户丰富多彩的饮食生活的重要支柱之一。

4. “江户人” 口中的鱼与兽

(1) 江户湾的水产与日本桥鱼市

江户前的鱼获与御膳鱼

作为表现江户风味食物的词语，“江户前”一词，现在已经不常用了，而其原本是指在江户对面的广阔海域，即现在的江户湾中捕获的新鲜的鱼获。最初，江户前是指在浅草和深川附近捕获的鳗鱼，后来除鳗鱼之外的其他鱼类也被称为“江户前”，现在，“江户前”变成一个适用于所有江户风味食物的广义词汇。

根据文政七年（1824 年）出版的《武江产物志》记载，在江户湾捕获的海鲜，计有鲷鱼、鲈鱼、海鳝、墨鱼、虾蛤等。对江户人来说，这些鱼和鲇鱼、鲤鱼等淡水鱼一起，都是宝贵的动物性蛋白质摄入来源。

但是，因为当时没有能够维持海产鲜度的冷藏设备，所以江户人所食用的仅限于在江户湾最内圈（品川冲—深川、洲崎冲）及三浦、房总半岛周边海域所捕获的鱼获。

在江户湾捕获的海鲜，被直接运送到日本桥的鱼市场。摄津国西成郡佃村（现大畈市西淀川）“名主”①，一位名叫森孙右卫门的渔民，受德川家康的命令，开设了专营海鲜的问屋。孙右卫门带领佃村等地渔民迁居至此，负责为江户城提供海鲜。

江户作为幕府所在地，随着人口的迅速膨胀，海鲜的需求量也不断增大。上方地区的渔民们看准商机，追随孙右卫门的足迹，逐渐前来江户发展，在日本桥开设类似的海鲜问屋。

幕府希望通过日本桥鱼市场将到店的新鲜海获进献给江户城。将军所食用的海鲜鱼贝，被称为“御膳鱼”或“御菜鱼”，为将军供应御膳（菜）鱼，也是鱼市的首要任务。

为了让将军每天都能品尝海鲜，日本桥鱼市发挥了很大作用。而且，为了避免肉质过肥，将军的膳食中不能有秋刀鱼、沙丁鱼、金枪鱼等品类，同样遭到摒弃的，

① “名主”，幕府时期地方区域的负责人，一般指代范围较小，某村名主，可理解为类似于村长的职务。——译者注

仿佛能够闻到浪潮气息的日本桥场景（「东海道」歌川広重画、日本国立国会图书馆藏）

还包括存在引起食物中毒风险的鱼干或者蛤仔之类的壳类海产。

把鱼市场瓜分殆尽的问屋把控着江户湾的渔业权（捕鱼权）。但是，只有在完成进献江户城的任务之后，才能将剩余的部分在市场上贩卖。因此，问屋以御膳（菜）鱼有剩余为由，将鱼卖给仲买，之后再通过零售鱼店，将其贩卖到江户人的餐桌之上。

幕府对江户湾的八处浦港（芝金杉浦、本芝浦、品川浦、大井御林浦、羽田浦、生麦浦、子安新宿浦、神奈川浦），下达了缴纳鲜鱼的任务。在现在的东京港区、品川区、大田区、神奈川县川崎市、横滨市的海边地带，遍布渔村。

被称为“御菜八浦”的各个浦港，每月须向江户城进献鲜鱼三次，不符合进献规定的鱼，会拿到日本桥鱼市场贩卖。

幕府将伊豆国的“内浦六村”（现静冈县沼津市）指定为御菜浦港，要求其向江户城进献海鲜鱼，作为回报，被指定为御菜浦港的渔村，也会获得在江户湾的渔业权。

为了满足幕府的订单，日本桥鱼市场设置了专门负责进献御膳鱼的鱼会所。问屋派驻的执勤人员会常驻在鱼会所，负责被称为“月行事”的进献事务。

对问屋而言，能够负责幕府的“御膳鱼”，实乃一件特别荣耀之事。但是幕府支付的价款，明显偏低，只不过市场价格的五六分之一而已。因此，幕府会以“助成地”的名目，将日本桥、神田、四谷、赤坂的一些土地拨付给问屋，用这些土地的收入，来弥补他们的损失。

除了日本桥鱼市以外，江户还有一种被称之为芝杂鱼市的鱼市场。芝金杉浦的渔民，将无法作为御膳鱼进献的鱼，称之为杂鱼，而芝杂鱼市，就是允许贩卖这些杂鱼的市场。落语中著名的段子“芝浜”，就是以这种芝杂鱼市为舞台的。

断子绝孙的“地狱网”催生养殖业的兴盛

伴随着江户发展成为巨大都市的过程，海鲜的需求也不断扩大。起初虽由江户湾沿岸的渔民向日本桥鱼市场供给海鲜，但是传统捕鱼方法，已经不能确保捕鱼量足以满足市场需求。

于是出现了之前的一幕，很多渔民从上方移居到江户湾沿岸。他们向幕府进献御膳鱼，作为交换，幕府授予其渔业权，让其在日本桥开设新的问屋。

这些渔民在江户湾使用百人规模的引地网和大型定置网捕鱼法，成功地提高了捕鱼量。因而，江户的海鲜需求得以暂时满足。

通过上方地区渔民的积极参与，一系列大型捕鱼方法在江户湾沿岸落地生根，关东的渔业技术随之提高。

但是，由于采用被称为“地狱网”的捕鱼方法实施全面捕鱼，导致江户湾沿岸的渔民必须面临海产枯竭的情况，不得不扩大捕鱼活动的范围，另一方面，这也成为发展养殖业的一个重要原因。

提到江户的养殖业就会想到海苔。江户湾养殖的海苔，即大家耳熟能详的“浅草海苔”，因打响了品牌，成为大受欢迎的江户特产。

海苔的最佳生长环境，便是海水和淡水混合的低盐分海区，主要位于江户湾的隅田川和多摩川的河口附近。

隅田川养殖的海苔被称为浅草海苔，多摩川的紫菜被称为品川海苔。随着时代的发展，多摩川河口的品川、大森冲的养殖优势变得愈发明显，所以就只剩下“浅草海苔”这个名头。品川、大森冲养殖的海苔，采用的是在浅滩插入布满原本供牡蛎幼苗寄居的粗木桩，让水中漂浮的紫菜孢子附着在木桩上的方法加以种采，采收量大幅增加，紫菜价格应声而落，使其成为了江户穷人也可以消费得起的大众食品。

前文多次提到，这个时代冷藏设施缺乏，因此刺身和鲜鱼价格昂贵，只有富裕阶层才能享用，吃鱼干、海苔等加工食品的人数较多。作为寿司原料的海鲜鱼贝，通过加醋保存的方式衍生出的，即为加工食品。

“蒲鉾”[①] 也属于此类加工食品。根据前面提到过的《本朝食鉴》，鲷鱼和海鳗作为蒲鉾的材料，属于高级食品。比目鱼、沙钻鱼、虾虎鱼、鲻鱼、乌贼等也是制作

① “蒲鉾”，类似于中国的所谓鱼板，是将海鱼肉糜钉在一块木板上最终成型，多为单色，如粉红色或者白色，需要将“蒲鉾”与类似的鱼糜制品“鸣门卷”加以区分，后者是用鱼做成薄片，中间染上粉红色卷起来，四周用花刀削过，将这个鱼卷切成片后好像一个个上面画着红色螺旋的齿轮形状。是日本常见的装饰型食物，常出现在日本拉面中，因花纹成漩涡状，令人联想日本著名景观鸣门漩涡，因而得名“鸣门卷”。——译者注

蒲鉾的材料。

多摩川鲇鱼成为江户名产

之前提到了在江户湾捕捞的海鱼和养殖的海苔等加工品，而在淡水鱼中，除鳗鱼之外，鲇鱼也很受江户人的欢迎。其中，多摩川出产的鲇鱼，更可谓江户名产。

虽然捕捞鲇鱼的方法各种各样，但其中最为著名者，非“簗渔”莫属。这是一种选择水面狭窄的地方，铺上用尖木或竹子制作的簗篑捕捉鲇鱼的方法。

初春时节捕捉逆流而上的幼鲇鱼，在秋天捕捉为产卵顺流而下的带籽鲇鱼。虽然这是一种可以简单捕获大量鲇鱼的捕鱼方法，但投网捕鱼等方法也很盛行。

多摩川的鲇鱼，也是被进献到江户城的御膳鱼。多摩川上游到下游的各个村庄，都接到捕捉鲇鱼并送至江户的命令。

幕府下令每年上缴一千一百至一千三百尾鲇鱼，同时规定鲇鱼从眼至尾的长度为四到六寸（约十二到十八厘米）。虽然幕府支付了货款，但包括运费在内加起来不过七至八两，对于被命令进献鲇鱼的村子来说，这点钱少得可怜。

海鲜鱼贝不仅是动物蛋白质的重要来源，还可被用作肥料。

如第一节所述，由于榨取的棉籽油大量增产，天妇罗的低价得以实现，但鲜为人知的是，在背后支撑棉花栽培的，正是以沙丁鱼为原料的肥料。

将沙丁鱼晒干去除油脂后做成的干沙丁鱼，作为棉花栽培的肥料，因效果显著而备受关注，被大量使用。没有干沙丁鱼就不可能有棉花的发展。因此，棉花的价格，受沙丁鱼的捕获量左右。如果沙丁鱼的鱼获量少，干沙丁鱼的价格就会上涨，棉花价格的上涨，便不可避免。

(2) 肉食的欲望

被视为禁忌的肉食和被神化的水稻

曾几何时，在日本，食肉被视为禁忌之事。关注禁止杀生的佛教传入日本后，在日本人的日常生活和思维意识中变得根深蒂固，虽然这多被视为是肉食禁忌的社会背景，但其实佛教的传入本身并不是契机。相反，日本人的肉食禁忌，与之前从中国传入日本，后成为日本代表性农业作物的水稻，关系反而更大。

如果阅读因提及“邪马台国”[①] 而闻名于世的《魏

---

① “邪马台国”，是《三国志》中《魏书・东夷传》倭人条（通称《魏书倭人传》）记载的倭女王国名，被国际权威学术界一致认为是日本国家的起源。——译者注

志倭人传》，就会看到倭人即日本人在服丧期间不吃肉的记载。佛教传来以前，食肉就被认为是禁忌，在“壬申之乱”① 中获胜即位的大海人皇子（天武天皇），在壬申之乱的三年后，也就是天武天皇四年（675 年），颁布了食肉禁止令。

但是，这项食肉禁止令，仅限于四月到九月的稻作期间生效。禁令的对象也仅限于牛马等大型牲畜，之前日本人喜食的鹿和野猪等不在此限。随着食肉，即杀生取食，会成为稻作的阻碍（污秽）的想法日益普及，食肉禁止令的制定初衷，想必是为了尽可能地控制食肉以避免对稻作的危害。

的确如此，水稻的顺利成熟对于古代国家来说是至关重要。大米作为神圣的食物受到尊崇。天皇为了庆祝水稻的收获，会将新米供奉给众神，然后自己亲自尝食，举行祈求第二年丰收的“新尝祭”。换句话说，如果对稻作没有影响的话，食肉是被允许的。

进入江户时代后，以稻米收获量为社会价值标准的

---

① “壬申之乱”，是指发生在天武天皇元年（672 年）的日本古代最大规模的内乱。一方是天智天皇的太子大友皇子，另一方是得到地方豪族相助而揭起反旗的天智天皇之弟大海人皇子。结果大海人皇子获胜，是日本历史上少见的叛乱者胜利的例子。这一年以干支纪年为壬申，故被称为壬申之乱。——译者注

“石高制”社会到来。在江户时代，大米是衡量所有价值的标准，从土地的估价额到武士的身份，都用大米来表示，这些内容，在序言部分就已有所叙述。

因此，虽然将食肉视为禁忌的风潮愈演愈烈，但人们并非完全不吃肉。正如下面所看到的那样，首先，鸟类便是个例外。

“广为人食”的鸡肉和鸡蛋

江户初期的宽永二十年（1643年），《料理物语》一书出版。书中提到了野鸭、山鸡、鹭鸶、鹌鹑、云雀等十八种野鸟，由此可见，在此之前，各种禽鸟皆可食用。其中，关于鸭子，便介绍了做汤、刺身、醋拌等十五种以上的料理方法。

现在禽鸟中被人吃得最多的鸡，曾经一度作为用于产卵的家畜加以饲养，在江户初期很少被拿来食用。据说鸡的叫声能呼唤太阳，因此被视为神圣之物。

但是，如果可食用的野鸟遭到滥捕，鸟肉供应不足的话，作家畜用的鸡，就会被拿来吃。据《守贞谩稿》叙述，在文化年间（1804—1818年），鸡肉在京都、大阪等地，被称为“かしわ”，作为葱锅原料被食用。在江户，鸡则被称为“しゃも”用来果腹。因为价格便宜，鸡肉在平民中很受欢迎。

鸡蛋也是可以食用的。最初本是高级食品，不过，由于肉食加上产卵所用的养鸡业变得盛行，鸡蛋价格一降再降。

与此同时，鸡蛋料理的数量也一下子增加了。天明五年（1785 年）出版的《万宝料理秘密箱》中，记载了一百〇三种鸡蛋食谱，同年发行的《万宝料理献立集》中，刊载的所有料理菜谱均含鸡蛋，从中不难看出鸡蛋料理的普及程度。

另一方面，武士阶层，还会吃到鹤肉，而且还是从喜欢鹰猎的将军那里领受得来的猎物。

把鹰放在山野里捕捉鹤、雁、云雀等鸟类的鹰猎活动，对将军来说，是摆脱拘谨的城内生活，走出城外放风的难得机会。将军之鹰捕获的鹤只，会赐给诸位大名。

领受赏赐的诸位大名，有义务在家中设宴，全家“共食”。自古以来，作为长寿的象征而被珍视的鹤料理，堪称最高级的款待，将军赐给的鹤肉，则以清汤的形式被共食。

所谓共食，就是大家一起分享祭神的食物。这是为了加强神与人以及人与人之间联系的礼仪性饮食活动。祭神结束后，分食神酒和神馔（供品）的酒宴，被称为“直会”，用领受的鹤制作清汤共食，和“直会”别无二致。

也就是说，从将军那里得到的拜领品，被视为神赐之物。幕府此举的目的，旨在确保将军的存在，后在接受赏赐的大名的家人中，推而广之。

赐给诸位大名的鹰猎的猎物，根据大名的等级有所区分。也就是说，每年都能够领到鹤的，只有德川御三家和加贺藩主前田家，萨摩藩主岛津家和仙台藩主伊达家等有势力的大名只是隔几年才能拜领一次。总之，大部分的大名都领不到鹤。将军通过是否赏赐鹤的做法，对大名划分三六九等。

因此，如果拜领品是标准低于鹤的雁和云雀的话，接受赏赐的大名数量，显然就会有所增加。比起云雀，能领到雁的大名的地位显然更高。实力薄弱的大名，甚至连云雀也领不到半只。

云雀是以三十只、五十只为单位赏赐的。当时为了避免腐坏，往往用盐腌制，总量竟然达到了数千只之巨。的确这不可能是将军鹰猎所能狩得的数量。被称为“鸟见”的官员，管理将军鹰猎的广阔猎场，他们负责筹办这些云雀，基本上通过鸟枪猎杀。

猪肉店的登场和 “药膳”

虽然在江户人当中，鸡肉大受欢迎，在武士之间，也有将军赏赐的鹤肉可吃，但鸟类姑且不论，四条腿的动物一般情况下还是不被食用。不难想象，肉食禁忌的风气，依然形成了一种枷锁。

有一个术语叫“药膳”。这是指为了养生或恢复病人的体力，通过食肉代替药物进补的风俗，单单从这个用语中，也可以看出当时对食肉禁忌风气的顾虑。

然而，进入江户后期的十九世纪，烹饪并提供兽肉的商店开始增加。拜其所赐，人们开始能够吃到除鸟以外的兽肉。

据《守贞谩稿》叙述，天保年间（1830—1844 年）以降，肉食变得盛行。虽然经营兽肉的料理店店面灯幌上写着“山鲸”的字样，但山鲸主要是指野猪。考虑到肉食禁忌的风气，人们才把野猪称为山鲸来吃。

店内还提供了用野猪肉、鹿肉加上葱一起炖煮的料理。在幕府末期的嘉永年间（1848—1854 年）之后，猪肉锅也被称为琉球锅。随笔家寺门静轩所著的《江户繁昌记》中也记载到，将野猪肉等兽肉称为“山鲸”并拿来食用的事，是在天保年间盛行起来的。

在江户经营兽肉的料理店，从北关东的山间得到了兽肉的原材料。农民们称野猪锅为“牡丹锅”，称鹿锅为“红叶锅”，对吃禽鸟以外的兽肉，并没有什么抵触情绪。特别是在山区，狩猎盛行，由此也成为了兽肉的供给源。

进入明治时代，牛锅店开始被视为社会繁荣昌盛的

隆冬时节享用被称为“山鲸”的猪肉锅（「名所江户百景・びくにはし雪中」〈部分〉広重画、日本国立国会图书馆藏）

象征，随着文明开化的潮流来袭，欧美的饮食文化在日本人中间传播开去。因此一般认为日本人是从明治时代开始吃牛肉的这一说法，至今依然存在，但实际上，食牛之风，从江户时代就已开始。

从江户中期开始，彦根藩井伊家就习惯性地向将军、御三家、幕府阁僚要员馈赠酱牛肉，赠答双方都很高兴。而其所使用的，便是大名鼎鼎的近江牛。虽然是高级品，可是将军和大名早已尝过了牛肉的滋味。①

如前所述，受到稻作文化和佛教文化的影响，肉食被视为禁忌。即使进入江户时代，这一状况也没有发生改变，但是随着时代的推移，除了鸡以外，四足动物的肉，例如野猪肉、鹿肉、猪肉、牛肉，都可以被端上餐桌。

食肉范围的扩大，恰恰体现了在太平盛世，想要丰富饮食生活的人们的食欲压倒禁忌的过程。

---

① 原田信男『江户の食生活』岩波書店。

5. 渐成身边之物的果子

(1) 江户城的仪式和果子之间不为人知的关系

长命寺看门人的创意，用叶子包裹着的樱饼

江户时代，普通百姓都可以随时吃到甜甜的果子。砂糖国产化的实现，使果子的大量生产成为可能。

和蔬菜水果一样，直到今天，果子依然属于带有浓厚季节性的食品。“上巳”（三月初三）[①] 的供品是雏果子、端午节（五月初五）的节供是柏饼，这一习俗一直

---

① “上巳”，又称雏祭，“桃日”，即女儿节，一说起源于中国自古视桃花为幸福吉祥的象征，而且将桃木花枝悬挂于门柱也有驱邪避凶的效果，而日本文化也受其影响，所以才会将桃花当作是雏祭的主题花。不过有另一个说法：旧历年的三月三日也正是桃花盛开的季节，所以用桃花象征雏祭。至今爱知县青田神社每年皆会举行桃花祭，届时要将桃花枝同供品一起献给神。——译者注

流传至今。但是进入江户时代，在赏花之时出售的樱饼却一时之间突然爆红。

宛如太平盛世的象征一样，赏花这一行为，在当时发展极盛，甚至出现了譬如“始于梅止于菊”这样的代表当时人气的熟语。意思是初春以赏梅开始，秋天以赏菊结束。

虽然现在说到赏花，人们主要想到的是樱花，但是江户时期的赏花，最初主要是指赏梅，但是进入江户中期后，变为主要指赏樱。幕后推动这一切的，正是身为八代将军的吉宗。

享保二年（1717 年），吉宗为了给江户人创造轻松愉悦的赏花环境，沿着隅田川栽种了上百棵樱花树。之后，栽种樱花树这一习惯被传承了下来，诞生了现在的隅田川堤（也称墨堤）的樱花行道树。享保五年（1720 年），作为东京樱花名胜之地的北区飞鸟山也开始栽种樱花树，和隅田川堤一起被称为樱花胜地。

由于吉宗创建了一个又一个的樱花胜地，在江户地区赏樱花渐成风潮。这样一来赏樱代替了赏梅，一提到赏花就是指赏樱这种思维，被固定下来了。

位于隅田川沿岸的长命寺附近樱花树众多，令寺院感到烦恼的是，每年赏花季节一过，大量的树叶会随风飘落，如何处理变得非常棘手。于是寺院的看门人就想到一个好方法。他将收集到的落叶用盐腌渍，夹上带馅

成为赏樱名所的飞鸟山（「东都名所一覧」〈部分〉葛饰北斋画、日本国立国会图书馆藏）

的年糕，最初以“长命寺樱饼”命名，在赏花时节配合售卖，大受欢迎。

据马琴的《兔园小说》，文政七年（1824年），为了制造樱饼，共腌渍了七十七万五千枚樱叶，因为做一个

长命寺樱饼（「御府内流行名物案内双六」。一英斎芳艷画、日本国立国会图书馆藏）

饼需要两片樱叶，一年总计做了三十八万七千五百个樱饼。这一数字可以很好地反映出樱饼的受欢迎程度。顺便说一下，现在制作一个长命寺樱饼，需要三片樱叶。

作为赏樱季节的应景果子，从江户时代以来一直有很高人气的“长命寺樱饼”，正是从江户的赏花文化中发展而来。

嘉祥之日的“和果子”与玄猪之日的“饼”

江户城中，每年要举行两次以果子为主角的仪式，分别是“嘉祥之日”和“玄猪之日”，先从六月十六的嘉祥之日说起。这一天，江户在府中的各位大名都有义务前往江户城朝拜。

所谓嘉祥，就是向神供奉完十六个果子之后，从神龛上取下来吃以扫除晦气的一种活动。平安时代，最初这还只是宫里的一种活动，到了江户时代，因为吃了将军赏赐的果子就能驱除晦气这一说法的甚嚣尘上，幕府便把所有大名作为对象，将这一活动纳入江户城的例行节日活动。

嘉祥之日，各位大名去往江户城领受果子。会场选在城内最大的房间，即“大广间”。

将军亲自赏赐果子，乃是原则，等到二代将军秀忠主政的时候，改为对于三百诸侯一一馈赠。那天之后的二到三天，估计将军的肩膀都会隐隐作痛吧。

将军赏赐的果子有“馒头”①、羊羹等，总数达两万个以上。基于这一段历史，现在的每年六月十六日，被定成“和果子之日”。

各大名返回到自己的府邸之后，有义务将受领的果

---

① “馒头”，和中国的馒头有所不同，在中国，馒头作为主食，往往没有内馅，而日本的馒头通常包裹有内馅，而且更接近于甜品点心。相传，馒头传入日本是在贞和五年（1349年），在中国修行的僧人龙山德见从中国返回日本，一同去到日本的还有他的中国弟子林净因。林净因去到日本后生活在奈良，开始以贩卖馒头为生，并且在馒头中包入了豆沙馅。龙山德见去世后，林净因由于思念家乡而返回了中国，后人为了纪念他，还专门修建了汉国神社，将他奉为果祖神。——译者注

子分给家臣们同贺。幕府这么做的目的，是让大名家中的家臣端正对将军的认识。这和大名家设宴共食将军所赐的鹤（下文将详述）的意图，如出一辙。

繁忙的目黑糖果店。低价砂糖导致果子店也兴盛起来。（「江户名所図会」〈部分〉国立国会図書館蔵）

虽然将军赏赐的馒头和羊羹，是江户人心中很受欢迎的果子，但是当时作为原料的砂糖必须依赖进口，所以价格较高。虽然吃不到甜甜的馒头，但是进入江户后期，随着砂糖国产化，产量增加。总而言之，由于砂糖国产化，可以很容易吃到像现在这样甜甜的馒头。

羊羹的主流做法，本是在馅儿里加入小麦粉和葛根粉，然后加热蒸熟。但是同样受到砂糖价格降低的影响，在馅儿里加入砂糖和琼脂熬制而成的练羊羹产量也随之增加。结果，练制羊羹取代了蒸羊羹的主流地位。

玄猪之日，就是阴历十月的第一个亥日。人们相信如果在亥月亥日亥时（晚上十点）吃了在代表“玄子”[①] 的饼（亥子饼）的话，就会无病无灾。猪是一种多产的动物，吃了亥子饼就能子孙满堂的这种说法，在当时广为传播。

幕府为了求得无病无灾和子孙满堂，将在玄猪之日赏赐亥子饼的这一活动纳入江户城的例行节日活动。当天，各大名回到府邸后，把从将军处受领到的白、红、黄、紫、绿五色亥子饼，像嘉祥之日获赐的果子一样分给家臣进行祝贺。

以馒头订货量达到四万个为目标的经销商

就像嘉祥之日所象征一样，江户城内会出现需要大

---

① 玄子。西日本地区的一项民俗，认为玄日为不吉之日，易生鬼祟。须作果子避邪。——译者注

量果子的特定时点，但是，将军或者他的家人、“大奥”① 的侧室女官日常生活中对果子的需求量也是相当大才对。对其进行调动供应的，正是负责处理向江户城进献的生活物资的御用商人。

在向江户城和各大名的江户藩邸献纳果子的御用商贩当中，有一家名叫金泽丹后掾。这家当时江户首屈一指的名店，总店坐落在金座（现日本银行）的所在地，日本桥本石町街上。作为历代将军家庙的上野宽永寺、芝增上寺也是他家的常客。

金泽家向老主顾提供的不仅仅是果子，还提供“赤饭”②“镜饼”③“菱饼”④ 荞麦面和乌冬面等。虽然现在

---

① “大奥”，在日本江户时代，是德川幕府将军的生母、子女、正室（御台所）、侧室和各女官（称为“奥女中”）的住处。大奥的另一含义指代德川幕府家的“后宫”，即是宫女、嫔妃生活的地方。——译者注

② “赤饭”，是一种日本传统餐食，将糯米与红豆共同蒸煮，因此米上有了红红的颜色而得“赤饭”之名，常作为年中一些特殊场合，如生日、婚礼，以及其他节日的庆祝餐食。据信红豆饭用作庆祝餐食，是因为它的红色，在日本象征喜悦。在一些地方，当年轻女子初经来潮时也会食用红豆饭，暗示了这项传统的另一个可能起源。——译者注

③ “镜饼”，是指供奉给神灵的扁圆形的年糕，日本的家庭在过新年的时候，装饰在家中，祈求新的一年一切顺利平安。——译者注

④ “菱饼”，上巳节的绿色母子草饼，江户时期加上白色，明治时期加上红色，展现白雪皑皑下绿草茵茵，树上桃花烂漫（转下页）

在和式果子店销售赤饭已经比较常见了，但是金泽家当年承包量可绝对不算一星半点。

万延元年（1860 年）六月，幕府让金泽家准备软糯赤饭并分装进木盒，发放给当时正好在修复前年烧毁的本丸御殿的工匠，数量多达三万人份。金泽家采取了转包和再转包这一总动员的方式，完成任务。

虽然几乎不被人所知，但是在江户府蕃遭受火灾之时，幕府将白米饭作为慰问之礼，分给遭受灾难的大名，这是一个惯例。虽然只是一种赈灾用的餐饮服务，金泽家也承包了这一工作。

即便是和果子，将军的正室，即御台所在参谒宽永寺和增上寺时，也会订购很多馒头，数量大概是四万到五万个。从这一数字就可以看出金泽家承包的果子业务规模有多么庞大。②

仅仅如此，金泽家就已经赚得莫大利益。作为竞争对手的果子店，显然对此也虎视眈眈。但假如没有砂糖的国产化，说到底这样的特大生意也是维持下去的。

（接上页）景象。——译者注

②『金沢丹後文書第 1』東京美術。

(2) 砂糖国产化的悲愿

将军吉宗以自给为目标奖励甘蔗栽培

砂糖传到日本，还是奈良时代的事，系由遣唐使和留学僧侣带回日本，舶来的砂糖，实属高级品。最初，砂糖不是用作食用，而是用作药用。

之后，砂糖仍不得不依赖进口，其作为高档商品的时代得以延续。即便进入江户时代，也只有琉球以及作为萨摩藩领地的奄美大岛栽培砂糖黍，即甘蔗，远远无法满足国内的需求。因为几乎全部依赖进口，其代价就是国内产出的金银大量持续外流。

这种状况，对日本国内无法自给自足的其他物品，也是同样。尤其是药材全靠进口，最具代表性的就是朝鲜人参等贵重生药。

为此，幕府很早以前就开始推行药材国产化。不仅是药材，由于闭关锁国政策限制了国外进口，所以全面提高自给率，显得尤为重要。

加上日本国内金银产出量逐渐减少，作为货币的原料，防止金银外流，成为了迫在眉睫的课题。

具体来说，江户幕府着手开设药园，栽培草药，制造生药，验证药效。实现药草自给，满足国内需求的话，就能遏制金银外流。一旦瘟疫蔓延也能应付，如此一来，国内的稳定也能指日可期。

大力推行药材国产化政策的背后，将军的身影若隐若现。这个人，还是吉宗。

吉宗面向全国奖励栽培朝鲜人参等药材的同时，还向各地派遣熟悉药学的本草学者，调查、采集药草。同时，将小石川的御药园（现东京大学大学院理学系研究科附属植物园）的面积，从二千百八“坪”① 扩大到大约四万五千坪，并对其加以整备，使其适于栽培药草。

吉宗大力推行的，不止是药草自给。他同样将实现主要依靠进口的砂糖自给自足列为目标，大力奖励栽培甘蔗，还亲自着手培育甘蔗。

面向各国广泛地征求甘蔗栽培方法的同时，幕府通过萨摩藩获得甘蔗苗，并在该藩协力下，在滨御殿（现滨离宫恩赐庭院）开始试栽。此事发生于享保十二年（1727 年）。两年后砂糖试造开始，四年后即享保十六年（1731 年）成功制出“黑糖”②。

---

① “坪”，源于日本传统计量系统尺贯法的面积单位，主要用于计算房屋、建筑用地之面积，一坪等于一日亩的三十分之一，约合三点三平方米。——译者注

② “黑糖”，是一种没有经过高度精炼带蜜成型的蔗糖，亦名赤糖、紫糖，为禾本科草本植物甘蔗的茎经压榨取汁炼制而成（转下页）

受幕府奖励政策的刺激，开始出现栽培甘蔗然后制糖出售的农民。

武藏国橘树郡大师河原村（现神奈川县川崎市）的名主池上幸丰就是其中一人。宝历十一年（1761 年），在“幕医”[1] 田村元雄的鼓励下，池上幸丰抓住了这一契机。

幸丰接受了幕府试种的甘蔗苗，尝试栽培。后经反复试验，研究出独特的制糖法，于明和三年（1766 年）成功制出黑糖和白糖。之后，获得幕府的许可，在全国二十四个区进行走访，竭力宣传普及制糖法。

压榨奄美人民的萨摩藩黑糖专卖制

吉宗主导在全国各地力推甘蔗栽培，但因为这原本就是一种热带植物，因此举步维艰。

从吉宗试种开始，历经半个世纪以上，终于，在宽政二年（1790 年），四国赞岐的高松藩成功制出白糖。之

（接上页）的赤色结晶体，有丰富的糖分、矿物质及甘醇酸，颜色比较深，带有焦香味，蕴含着大量的营养物质，对肌肤的健康、营养有着独到的功效。——译者注

① “幕医”，指德川幕府的幕府医生，除此之外，江户时代的医生还包括大名的藩医、京都朝廷的医官、城里开门诊的町医等等，而幕府的医生种类很多，如典药头、番医师、小普请医师、养生所医师等等。——译者注

后，赞岐的白糖产量明显增加，终于成为了日本排名第一的产地，在此之前，引导日本国内砂糖生产的，本是萨摩藩出产的黑糖。

砂糖分为白砂糖与黑砂糖二类，黑砂糖精制之后即为白砂糖，但二者的使用方法却不相同。

黑糖主要是被百姓就着粗果子吃，或者是作为调味品用于料理之中。根据《守贞谩稿》记载，普通百姓的饮食场所，如荞麦屋、天妇罗店、鳗鱼屋等，大量消费黑糖。相比之下，白糖用于制作茶室里的高级果子，因此在上流阶级中需求量高。

奄美和琉球产的黑糖支撑着萨摩藩的财政，这应该是众所周知的事实。看到砂糖供不应求，对此相当重视的萨摩藩，强制奄美的农民栽培甘蔗，并迫使其增加以此为原料的黑糖产量，然后垄断低价收购，送到大阪市场，高价卖出，从中赚取高额利润。就是所谓的藩专卖制。

文政年间（1818—1830年）末期，萨摩藩的借款达到五百万两，财政陷入破产状态。生死存亡之际，为了恢复藩地的财政状况，不得不向幕府严禁的走私贸易伸出黑手。

但是，取得当时藩主岛津齐兴信任的调所广乡[①]断然实行藩政改革，萨摩藩财政得以成功恢复。通过大量增产黑糖，获取莫大的利益，偿还了借款。但是，如果没有被强制增产的奄美农民的牺牲，这一点显然是无法实现的。

效法萨摩，高松藩研发出“和三盆”

在萨摩藩财政危机的背景下，大量增产的黑糖导致糖价下滑，潜移默化中支撑着江户的快餐业发展，但是，白糖依然属于稀缺品，不得不依靠进口的状况尚未改变。

如此一来，效法在制黑糖上取得可观利益的萨摩藩，着手生产白糖的藩地，随即登场。这便是赞岐高松藩松

---

① 调所广乡（1776—1849年），日本江户时代后期萨摩藩的家老。名恒笃，后改广乡，通称笑左卫门。调所广乡致力于恢复萨摩藩的经济，同琉球、清朝进行走私贸易。他使用利诱的手段，给予萨摩藩的商人前往琉球和清朝走私贸易的优先特权；又使用强权的手段，逼迫借钱给藩的商人同意在二百五十年之内无息偿还债务。他积极开垦新田，发展农业。又在奄美大岛和德之岛建立砂糖专卖制度，强迫当地百姓只许种植甘蔗，不许种植其他作物，其生产的甘蔗由萨摩藩征收。调所广乡的政策大大缓解了萨摩藩的财政危机。后来，在岛津齐彬和岛津久光争夺藩主位的御家骚动中，调所广乡深恐齐彬崇洋尚武的作风会再度重创藩内财政，因此支持齐兴和久光这一派，最终导致阿由罗骚动。——译者注

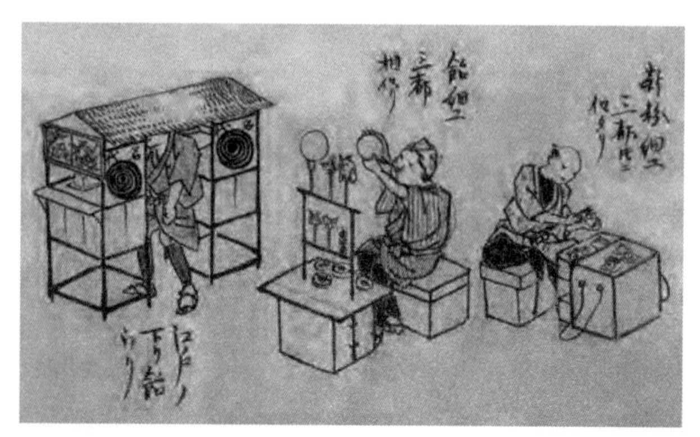

甜物身边有。从右至左，新粉细工（面人）、饴细工（糖人）、饴贩卖（「守贞谩稿」日本国立国会图书馆藏）

平家。其中，第五代藩主松平赖恭，居功至伟。

元文四年（1739年）就任藩主的赖恭，致力发展生产。到这一时期，各个藩地的财政均陷入困顿状态，高松藩也未幸免。赖恭希望能够开发出成为全新财源的主打商品。

参勤交代时，对采集动植物类标本等博物学深感兴趣的赖恭，拔擢任用藩士平贺源内负责管理药草园。当时，主要让其培育被视为珍宝的朝鲜人参等药材，但是，投入心力最多的，还是甘蔗的栽培。

赞岐气候暖和，但是，土壤含水率低，不适合水稻种植。为此，高松藩寻找能取代大米的产物，于是将目光转向了甘蔗。不适合水稻的土质，相反却很适合栽培甘蔗。

受赖恭之命，在高松藩领地内，以平贺源内为首，许多学者开展制糖研究，并在赖恭死后，继续倾力研究，宽政二年（1790 年），终于成功制出白糖。宽政十年（1798 年），白糖产量便已达到能出售到大阪的水平。

对于高松藩来说，虽然也像萨摩藩那样通过强化专卖制来克服财政危机，但其不只是增产，还致力于将生产更为优质的白糖作为自己的目标。

历经多年不断试错，如今家喻户晓的赞岐特产“和三盆”① 终于诞生。这种精制糖粉，以甘蔗汁熬制后产出的所谓“白下糖”② 作为原料，从此原料中去除糖蜜，如此反复，直至得出最上等的成品。

高松藩出产的白糖，无论是产量，还是质量，都跃居日本第一。但是，受高松藩的成功刺激的其他藩也开

---

① “和三盆”，日本砂糖的最高级品，颗粒非常细致，色泽呈现带点微黄的白，入口即化风味雅致。产量有限，对日本高级和果子来说，是不可或缺的珍贵材料，日本四国的香川县、德岛县为主要生产地。——译者注

② “白下糖”，制白糖的基础，从粗糖里去除杂质脱色溶液让其在真空蒸发成半流动物质，蔗糖结晶和蜜的混合物，是制作和三盆等的原料。——译者注

始制造白糖。其结果是，萨摩藩产的黑糖和高松藩等产的白糖加到一起，天保年间（1830—1844 年）日本国内糖产量反超进口量，实现了吉宗梦寐以求的砂糖国产化目标。

与之相伴生的是，白糖价格下滑，使得以其为原料的果子的大量生产也成为可能。这样，不仅仅是粗果子，以樱饼为首，馒头、羊羹等精致和果子，也走入寻常百姓身边。

幕府、居酒屋与料亭

“帮间”① 与女性等人（「守贞谩稿」日本国立国会图书馆藏）

① “帮间”，别名“太鼓持者”，主要指利用自己的艺术能力在宴席上取悦主人和宾客的男艺者，经常扮演艺伎和初出茅庐的舞妓的“神助攻”，帮忙调节宴会气氛和圆场。——译者注

1. 高价的下酒与地酒、浊酒

(1) 上方地区酿酒业的发展与下酒

清酒的出现与高级酒·诸白的诞生

如前面章节所述的那样，江户的吃食种类极为丰富。除大米之外，蔬菜、水果、鱼肉，还有作为“嗜好品”的果子，都被大量消费，同样作为嗜好品的酒，也得到了大量酿造。

江户时代，积极推进新地开发，大米产量增幅明显，但占人口大半的大米生产者，即农民，却仍以大麦和粟、稗等杂粮为主食。只有在正月等庆典祭祀场合，才会吃上一口白米饭，因此应当存在很多余粮才对。但实际上，就如序言所陈述一般，酿酒消耗掉了相当数量的大米。

天明八年（1788 年）三月，幕府在全国开展酿酒用米数量普查。在调查开始之前的天明五年（1785 年），报告显示，全日本有超八百万石大米被用于酿酒。

酿酒业的发展的确令人侧目，进入十九世纪，其发展势头依旧不可阻挡。大米作为酿酒用米被大量消耗，而酒则被拿来饮用。

很久之前，酒一般被酿来供自家所用，作为商品开始广泛售卖，已经是镰仓时代的事了。当时酿造的不是清酒，而是浊酒。清酒也可以称呼为“澄酒”，是以蒸米、曲米作为原料，除去杂质，经过过滤剩下的部分，而浊酒则不需要过滤。将曲米和蒸米混合发酵，便得“白浊”。

但是，随着时代的变迁，酿酒技术不断提高，从浊酒到清酒，酿造技术不断进化，清酒又可分为三种。

用精白米作为蒸米和米曲原料的清酒，被称为“诸白”。只用白米作为蒸米，使用“玄米”[①] 作为曲米的清酒，称为“片白”。蒸米和米曲都不使用白米的清酒称为“并酒”。从上至下，可按诸白、片白、并酒、浊酒，进行等级排列。

---

① “玄米”，又称糙米，是稻谷脱壳后不加工或较少加工所获得的全谷粒米，由米糠、胚和胚乳三大部分组成，与白米相比，糙米较高程度地实现了稻谷的全营养保留。——译者注

高级酒诸白的登场，始于十六世纪中叶的“战国时代”[①]。起初本是在奈良和京都等地寺院酿造，但是因为酿酒技术以摄津为中心传遍上方地区的四面八方，上方作为诸白产地，一时盛况空前。进入江户时代，被冠以“下酒诸白”的名号，运往江户。

可以将其制酒方法的特征，列为三点：寒造、段挂以及火入。

所谓“寒造”，就是在低温的冬天时装料，充分利用

---

① “战国时代”，1467—1600年或1615年，一般指日本室町幕府后期到安土桃山时代的这段历史。最早出自甲斐国（今山梨县）大名武田信玄所制《甲州法度之次第》第二十条，其开篇即写道“天下战国之上”。但酷爱中国兵法的武田信玄实际上是把中国的战国名称直接套用在日本，借此形容日本的政治格局。应仁之乱后，日本各地大名纷纷崛起。十六世纪中叶，地域武士中实力最强的织田信长崛起，永禄三年（1560年），在樽狭间以两千人马击败今川义元四万大军，名声大振。尔后逐步统一尾张、近畿。天正十年（1582年），本能寺之变爆发，信长身亡。织田重臣羽柴秀吉先后击败明智光秀及柴田胜家，确立了自己的继承人地位。此后经过四国征伐、九州征伐、小田原之战，逐步统一日本。后被天皇赐姓“丰臣”，并受封“关白”一职。丰臣秀吉的时代被称为“桃山时代”。庆长三年（1598年），丰臣秀吉病逝后，丰臣家裂分为近江（西军）和尾张（东军）两派。身为丰臣政权五大老之一的德川家康于庆长五年（1600年）发动关原合战，打败西军。庆长八年（1603年），德川幕府建立，在两次大阪之阵中逐步消灭丰臣氏，战国时代结束。——译者注

时间慢慢发酵的制法。“段挂”，系指分阶段地加入原料，借此提高酒精浓度的制法。“火入”，是指为防止酒品腐败而低温加热杀菌的方法。

利用上述三种制法，上方地区酿造出高品质的清酒（诸白），也诞生了以伊丹以及“滩”[1] 等地为主的知名产地。至于伊丹诸白，更是被冠以“丹酿”的美誉，成为入选将军御膳酒的名酒。

鹤立鸡群的酿酒团体 “江户积摄泉十二乡”

以前，不仅是在酿酒方面，上方地区的产业技术能力，普遍远超关东地区。因此，江户人重视上方也就是关西制造的产品，并称之为“下物”。而其自然会带有一种高级感。这种情况也适用于酒。

在“摄津”[2] 等上方地区所酿造的清酒（诸白）作为下酒，在江户深受喜爱。

清酒装载于运酒专用的“樽回船”上，通过海上运输而来。一到秋天新酒酿出之时，在江户，街谈巷议，尽是新酒即将到来之事。不仅如此，大家都对新酒的到

---

① “滩”，日本兵库县神户市东部以滩区和东滩区为中心呈东西延伸的地区。——译者注

② “摄津”，日本旧国名之一，相当于今大阪府西部和兵库县东南部。——译者注

来翘首以待。

新酒于每年的十月到十一月被运到江户，樽回船都以最先到达为目标比拼速度，即所谓“新酒番船”，而这在喜欢尝新的江户人中颇受追捧。新酒番船不仅作为江户的秋日风物诗固定出现，同时也是彰显下酒深受大家欢迎的活动。

因应江户需求的不断扩大，全盛期时，有超百万樽清酒被运输至此。每樽四斗的话，就是四十万石，能够达到如此大批量生产的最大要因，得益于前面提到的利用水车所研磨出的精米。

已经说过通过活用水车，人们得以便宜地吃到荞麦，酒的情况，也是一样的。因为通过水车能够得到大量高质量精米，所以酿酒原料的精白米的价格，应声而落。作为高级酒的诸白也得以大批生产，且能以比以前更便宜的价格喝到，也是这个原因。而即便在上方地区，下酒的著名产地，也以摄津与和泉两地最为出类拔萃。

这里，以被称为“江户积摄泉十二乡”的区域为中心地带。十二乡是大阪、伊丹、池田、尼崎、传法、今津、西宫、上滩、下滩、北在、兵库再加上和泉堺乡等地合成。摄泉十二乡结成酿酒组合，就向江户市场经销酒类的相关事项（调整生产、统管发货、运费调整）达成了协议。

虽然上述十二乡通过引入水车，大批生产诸白，但也有很大的一部分成功原因在于当地的环境。十二乡中大部分位于大阪湾沿岸，或者是位于汇入大阪湾的河川附近，很适合面向江户的酒类装运，占据了可以快速地将酒上船，运费便宜且防止酒质下降等地利。

用樽回船运往江户的下酒，主要卖给位于现在的中央区新川的江户酒问屋。

问屋即批发商，通过中间商，将酒批发给零售店，而大部分的批发商，基本都是在这里开设分店的上方地区的酿酒人。

(2) 酿酒控制与江户入港管控

为稳定米价而颁发酿酒许可、 征收输入费

在江户时代，酿酒需要得到幕府的允许，实行所谓许可制。

只有从幕府获取酿酒的许可，也就是给予“株”，即特许的人，才能在指定的酿酒米量内进行酿造。幕府指定的酿酒米量，又被称为酿酒“株高”。

设定酿酒特许，始见于明历三年（1657 年）。当时的

习俗是，在赋予酿酒许可时，颁发宛如日本“将棋”[1]中“驹”字棋子的木制许可证。通常许可证正面写着酿酒人的名字、住址、酿酒米量多少石，背面则写着“御勘定所”，并烙上官防文印。所谓“御勘定所”，便是掌管幕府财政的机关。

在同一个地区，酿酒许可权得转让及出租。希望扩大经营或者新进加入的酿酒业者通过收购酿酒特许进入这一行业，但实际上酿酒用米的量并不受许可量，即株高的限制。虽然本来不得超过许可上限酿酒，但大家对此显然都选择了阳奉阴违。

因此，幕府屡次三番调查实际的酿造米量，尝试修改许可范围，这被称为“酒株改定”。元禄十五年（1702年）的“酒株改定”，将向前追溯五年，也就是元禄十年（1697 年）时的酿酒米量作为新的株高，史称“元禄调

---

① “将棋”，日本棋戏，发端两说，一是大约五千年以前印度的恰图兰卡，一说为中国象棋。主流观点认为从东南亚传入，在平安时代演变成平安将棋、平安大将棋。之后平安将棋分支成小将棋、中将棋、大将棋、大大将棋、天竺大将棋、摩诃大大将棋、泰将棋、大局将棋等诸多日本将棋前身，传说再由后奈良天皇改良小将棋，最终在江户初期大桥宗桂去除棋子醉象，确定将棋规则，正式定型了现在流行的日本将棋。将棋的棋子呈钟形，前端较尖。和中国象棋及国际象棋不同，将棋是以棋子前端的指的方向来区别所属。——译者注

乐享花下美酒的女性（「東錦絵」〈部分〉日本国立国会图书馆藏）

高”，将酿酒用米量一举砍掉五分之四，这一限制，一直持续到宝永五年（1708 年）。

幕府实行酿酒许可的首要理由，便是其将大米作为酿酒的原料。如后所述，天明五年时，酿酒米量超过了八百万石，也就是说，为了酿酒消耗了巨大米量。这意味着，酿酒业在很大程度上操纵了米价的动向。

日本全国的稻米总产约三千万石，其中接近三分之一被计入酿酒用米。天正五年（1577 年）来日，庆长十五年（1610 年）被驱逐出境的葡萄牙人传教士罗德里格斯在其著作《日本教会史》中，也存在日本产的大米中三分之一以上被用来酿酒的记述。虽然其可靠性尚不可考，但可以看出，江户初期的确有大量的米被用于酿酒。

幕府及各藩，主要靠变卖从农民那征收的年供米，来筹措年度财政资金，米价的动向和财政状况存在直接关联。米价的动向同样左右收入，这对接受发放俸禄米的幕臣与藩士，同样适用。

从变卖换钱的角度来看，当然希望米价高腾，但是站在町人等消费者的立场，显然希望米价越低越好。因此，调节米价便成为幕府的一大政务，而其采取通过调整酿酒量的政策方法，谋求操控米价。为此，幕府需要毫不间断地把握实际的酿酒米量。

再加上，元禄十年幕府向酿酒人征收“运上金”，即营业税，下令必须以追加计算运上金的形式贩酒。财政捉襟见肘的幕府，将谋求全新财源的目光，投向了酿酒行业，但这势必遭遇酿酒业者强烈的反弹。宝永六年（1709 年），运上金制度在实行了差不多十年后，便遭废止。

饿殍满道与打砸抢烧引发政策突变：从奖励转变为限制

幕府尝试通过株高调控米价，例如，如果由于歉收，大米产量不足导致米价高涨时，提高作为特许酿酒数量基准的酿酒比例限制规定，就会压低酿酒用米的数量。

可是，享保年间（1716—1736 年），米价大跌，幕府为提高米价煞费苦心。而其背景，便是将军德川吉宗坚决推行享保改革，进行大规模的新田开发，导致大米产量出现大幅增加。

在那之后连年丰收，米价持续下跌。对于财政困难的幕府来说，由于米价便宜而导致年度财政每况愈下，已经演变为无论如何都不能坐视不管的问题。

宝历四年（1754 年），幕府发布奖励酿酒的“自由酿造令”。渐渐地连特许量都不受限制，随着促进酿酒的政策推行，依据新规，想要酿酒的人也只要向幕府或藩等申报，即使没有特许也可以酿酒。由于酿酒奖励政策，上市的米量的确有所减少，米价得到修复。

“自由酿造令”顺利施行，酿酒米量远远超过许可量。以上方地区为中心，酿酒业迅速发展，但到了天明年间（1781—1789年），情况突变。

以天明三年（1783年）七月发生的浅间山火山大喷发为祸端，以东日本为中心，日本的气候变得异常起来。特别是东北地区陷入大歉收，饿殍不绝于路。天明大饥荒时期，以米价为首，各种商品的价格居高不下，社会动荡也变得愈发激烈。

面对米价高涨的幕府，政策发生突变，开始为压制米价而不停奔走。天明六年（1786年）九月，幕府下决心恢复元禄以来的酿酒限制令。虽然是以米价降低为适用时限的临时立法，但却一下子将实际酿酒米量调低为原来的五成。

原本都是以株高，即许可用量为基础来实行限制，但是现实情况却是实际的酿酒用米数量，远远超过元禄十年时“调高”后的数字，因此，如果以株高为标准值的话，非常明显会引发混乱。一方面，此举对超过许可酿酒的人来说堪称一个十分严厉的限制令；另一方面，没有获得酿酒许可的业者会因此被排除在限制范围以外，免不了要受到不公平的指责。因此，最终确定，以实际的酿酒米量为标准值。

翌年，即天明七年（1787年）六月，酿酒限制由二分之一进一步加码，调低为原来的三分之一。而这一调整的背景，乃是当时的政治和社会局势的突变。

在上个月，即五月二十日之后数日，江户城相继发生捣毁囤积居奇、哄抬米价的米店的劫掠事件。面对贫民同时在多地实施的打砸抢烧，负责江户治安的“町奉行所”对此无能为力，幕府因此遭到强烈打击。

在如此危机重重的当口，爆发了为承担使江户陷入混乱的责任，前老中田沼意次派要员退出幕阁，由反田沼派的白河藩主松平定信就任老中首席的政变，并由此掀开了“宽政改革”的大幕。

对于刚刚登上执政者宝座的定信来说，燃眉之急，便是降低米价平定社会局势。不然的话，说不定自己也会重蹈田沼的覆辙。

定信计划通过强化酿酒限制，进一步增加上市大米的供应量。他特别关注在自由酿酒令时代实现显著发展的上方地区酿酒业。然而，虽然重新颁行了将酿酒用米数量调低为此前三分之一的限制令，但幕府因为没有掌握实际的酿酒米量，对于酿酒行业的管控，陷入不够有力的窘境。

天明八年（1788年）三月，幕府面向全国，发布了酿酒限制颁行前的天明五年（1785年）时的酿酒米量和许可数量，即株高的统计报告。这场元禄以来九十年未见的酿酒许可制度变革，旨在修改株高，即许可数量。

调查的结果表明，天明五年时的酿酒米量总计达到八百一十二万八千五百二十三石之多。虽然幕府将此作为新的特许量，但因为元禄调高的数值为二百七十三万一千七百〇六石，所以在这九十年间，酿造用量足足增加了三倍。[①]

第二年，即宽政元年（1789 年）八月，幕府以新株高为基础，发布了将酿酒用米减少三分之二的限制令。此限制于宽政六年（1794 年）九月，放宽到了基准数量的三分之一。

宽政年间，日本的气候稳定，收成向好，米价再次呈现下降趋势。幕府显然不喜欢米价过于低迷，亟需通过放缓或者解除酿酒限制来谋求提高米价。

但是，幕府却基于其他的政策考虑，将酿酒限制率维持在三分之一的水准。

防止江户财富流向上方地区的应对之策

松平定信于晚年，写下了一本自传《宇下人言》。虽然该书大部分内容旨在介绍其在老中任上经历见闻的有趣

---

①「寛政享和撰要類集」酒造之部、国立国会図書館旧幕府引継書。

秘辛，但也提到了这个时期幕府维持酿酒限制的政策意图。

江户所消费的生活物资，多数是依靠上方地区生产后输入的“下物”。仅凭这一点，上方地区的经济状况便与关东地区高低立现，而其背后，正是前者相对更高的产业技术能力。

食品当中，清酒便是典型实例。高峰期，每年都有超百万樽下酒被运往江户，横扫江户市场。下总野田以及铫子等地出产的关东制品，能够驱逐的只是像酱油这样的货品。

对幕府来说，显然并不乐见关东的生活物资必须依靠从上方地区输入的现状。一旦从上方地区输入的物资中断，江户立马就会陷入无以为继的状况，并因为物资匮乏而引发大乱。

为防止上述事态发生，幕府方面欲促成江户周边的关东地区的物资供给（地产货物）与江户地区的供需平衡。可以说，就是不依赖输入，尽量实现自给自足。

然而，对于下物的依赖还导致了另外一大问题。因为需要清算价款的缘故，江户需要向上方地区输送大量金银。松平定信也在《宇下人言》中，表示了对于下酒大量流入江户，会为上方地区带去大量财富的担忧。这意味着江户的财富遭到了上方地区的掠夺。

为了改变这种现状，松平定信想要阻止下酒进入江户市场。也就是说，通过维持三分之二的造酒限制量，就可以等比减少流入江户入港的下酒总量。这就是将限制率保持在三分之一的原因。

松平定信为了验证这种做法的效果，准备进行一项有关下酒江户入港数量的调查。

宽政三年（1791 年）十二月，江户町奉行所命令经营下酒的问屋及中间商，将实行酿酒限制令的天明四年至天明六年，以及实行限制令后的天明八年至宽政二年的六年期间进货的下酒樽数，以及货主名称一一登记造册并上报幕府。下面附上的“江户入港下酒数量表”，就是根据问屋呈报的结果，按城乡地域整理归纳所作，根据这份表格，可以判明如下事项。

在实行酿酒限制令之前，下酒的年产量约为九十万樽，天明八年限制令施行的当年及宽政元年，减少至六十万樽。针对下酒施行的限制令效果显著，在这期间，尾张、三河等东海地区出产的酒（别名“中国酒”①）坐收渔翁之利。例如，尾张酒限制令前的入港量大约是五万樽，限制令后则翻了一番，变为了十万樽。

---

① 这里的中国，是指“中国地区”，是日本地域中的一个大区域概念，位于日本本州岛西部，由鸟取县、岛根县、冈山县、广岛县、山口县组成。——译者注

江户入港下酒数量表（含预估数量）

<table>
<tr><th></th><th>天明四年</th><th>天明五年</th><th>天明六年</th><th>天明八年</th><th></th></tr>
<tr><td>摄津</td><td>556146 樽</td><td>626903 樽</td><td>620461 樽</td><td>419778 樽</td><td></td></tr>
<tr><td>伊丹乡</td><td>85153 樽</td><td>112660 樽</td><td>119562 樽</td><td>63082 樽</td><td rowspan="8">摄津下辖</td></tr>
<tr><td>池田乡</td><td>15905 樽</td><td>18219 樽</td><td>20965 樽</td><td>23824 樽</td></tr>
<tr><td>大阪三乡</td><td>44905 樽</td><td>33903 樽</td><td>32232 樽</td><td>21673 樽</td></tr>
<tr><td>传法乡</td><td>27965 樽</td><td>20748 樽</td><td>24823 樽</td><td>15252 樽</td></tr>
<tr><td>尼崎乡</td><td>8491 樽</td><td>6682 樽</td><td>6373 樽</td><td>12065 樽</td></tr>
<tr><td>今津乡</td><td>36296 樽</td><td>41634 樽</td><td>36745 樽</td><td>25396 樽</td></tr>
<tr><td>西宫乡</td><td>68249 樽</td><td>74154 樽</td><td>58635 樽</td><td>79988 樽</td></tr>
<tr><td>滩目</td><td>269182 樽</td><td>318903 樽</td><td>321126 樽</td><td>178498 樽</td></tr>
<tr><td>和泉
(堺鄉)</td><td>16289 樽</td><td>11797 樽</td><td>16975 樽</td><td>6385 樽</td><td></td></tr>
<tr><td>河内</td><td>240 樽</td><td>260 樽</td><td>893 樽</td><td>1669 樽</td><td></td></tr>
<tr><td>播磨</td><td>66 樽</td><td>850 樽</td><td>1848 樽</td><td>6024 樽</td><td></td></tr>
<tr><td>尾张</td><td>7152 樽</td><td>50673 樽</td><td>57076 樽</td><td>80774 樽</td><td></td></tr>
<tr><td>三河</td><td>53121 樽</td><td>55927 樽</td><td>57473 樽</td><td>65352 樽</td><td></td></tr>
<tr><td>美浓</td><td>26581 樽</td><td>26232 樽</td><td>23087 樽</td><td>21282 樽</td><td></td></tr>
<tr><td>山城</td><td>1000 樽</td><td>1984 樽</td><td>2920 樽</td><td>344 樽</td><td></td></tr>
<tr><td>丹波</td><td>—</td><td>—</td><td>—</td><td>458 樽</td><td></td></tr>
<tr><td>伊势</td><td>132 樽</td><td>71 樽</td><td>62 樽</td><td>744 樽</td><td></td></tr>
<tr><td>纪伊</td><td>10 樽</td><td>—</td><td>10 樽</td><td>90 樽</td><td></td></tr>
<tr><td>产地不详</td><td>184783 樽</td><td>164351 樽</td><td>144152 樽</td><td>—</td><td></td></tr>
<tr><td>总计</td><td>845520 樽</td><td>939048 樽</td><td>924957 樽</td><td>602900 樽</td><td></td></tr>
</table>

＊表格制作，参考柚木学『近世灘酒経済史』、『西宮市史』第五卷所収『酒造一件诸控』、「寛政享和撰要类集」酒造之部。

	宽政元年	宽政二年	宽政四年（预估数量）	宽政六年（预估数量）
	436777 樽	483900 樽	251100—320300 樽 （263100—335100 樽）	最多 526200 樽
	68994 樽	77551 樽	45000—58000 樽	同 90000 樽
	24947 樽	37136 樽	8000—10200 樽 （20000—25000 樽）	同 40000 樽
	16233 樽	15857 樽	17000—21700 樽	同 34000 樽
	20178 樽	19016 樽	10900—13600 樽	同 21800 樽
	13402 樽	18777 樽	3200—4100 樽	同 6400 樽
	26254 樽	34024 樽	16000—20200 樽	同 32000 樽
	85466 樽	78738 樽	28000—35900 樽	同 56000 樽
	181303 樽	202801 樽	123000—156600 樽	同 246000 樽
	6142 樽	5864 樽	6500—8200 樽	同 13000 樽
	2105 樽	1758 樽	600—800 樽	同 1200 樽
	6092 樽	6777 樽	600—900 樽	同 1200 樽
	88031 樽	118557 樽	22000—28000 樽 （50000—56500 樽）	同 100000 樽
	45911 樽	67005 樽	21000—27000 樽	同 42000 樽
	30219 樽	36651 樽	10000—13000 樽	同 20000 樽
	405 樽	761 樽	1100—1400 樽	同 2200 樽
	—	—	200—300 樽	同 400 樽
	933 樽	1606 樽	50—100 樽	同 200 樽
	1770 樽	1890 樽	600—900 樽	同 1200 樽
	—	23004 樽	—	—
	618385 樽	747773 樽	313750—400900 樽	最多 707600 樽

* 宽政四年的预估数量，在括号内表示的，是宽政五年九月数量增加后的结果，系重新设定的预估数量。

想尽办法也无法降低酒类总产量

然而，入港数量虽然减少了，限制率（三分之一）却没有连带着降低，而是停留在了三分之二。到了宽政二年，入港量比上一年增加了十万樽以上。

至此，幕府干脆直接采用限制入港数量的做法。配合限制率，将年产总量限定为三十万至四十万樽，江户基于酿酒限制令前，各地区（乡）在天明四年至六年的实际产量分配入港数量。这被称作“预估数量”。如上述图表所示，在表中占有一定篇幅的是货主不详的下酒，其年产量远远超过了十万樽，但具体数字还不明确。

宽政四年（1792 年）十月后，下酒入港限制令开始施行，效果十分显著。无处可去的上方酿酒业者请求能够增大预期入港量，幕府则表示若无特殊原因不会进行调整。

摄津市池田乡则以天明四年至六年作为推算基准的入港数量与实际数额差额过大为由申请上调。他们报告称负责购进池田乡产酒的问屋账簿被烧毁，账面数量远低于实际数量。尾张方面则以天明四年尾张区域内禁止酿酒作业导致当年数字无法达到推算参考值为由申请上调。

下酒的入港数量终于降低至酿酒限制率要求水平，但在米价持续低迷的情况下，有关方面还是无法继续实行酿酒限制令。宽政六年（1794 年）九月，幕府为了抬高米价，使得限制率放宽到了三分之二。

与此同时，入港限制也有所放宽。预估数量的总量也翻了将近一倍，增至大约七十万樽，各地（乡）的配额也同样增加了一倍。

翌年宽改七年（1795 年）十月，下酒入港限制令被迫解除。在米价下跌的大背景下，强制性减少下酒输入的计划也以失败告终。

此后，米价大涨时除外，下酒的江户市占率不降反升。在驱逐了尾张等地出产的“中国酒”后，下酒再次席卷江户市场，最终入港量超过了一百万樽。

(3) 幕府扶持的关东酿酒产业

一石二鸟之计，尝试酿造“御免关东上酒”

幕府为防止上方地区掠夺江户的财富，意欲减少下酒的江户入港量，同时下令关东地区的富农试制能够与下酒相匹敌的高级酒，即所谓“上酒”，以配合限制令。这项幕府念兹在兹规划的项目，被称为“御免关东上酒”。

下酒的总量一旦减少，价格必定上涨，但关东酿造的酒（地酒）满足需求，就可以防止资源不足，也可以防止江户财富向上方流动。此举会不会达到一石二鸟的效果，倒是可以期待一下，但主要问题出在地酒的品质上。

如上所述，上方地区的工业技术水平远远超过关东地区，关东出产的酒，总体来说品质不及下酒。因此，无法与下酒相抗衡，也导致江户市场被下酒牢牢占领。与销量一百万樽的下酒相比，地酒的江户入港量仅区区十万樽。

幕府为了打开局面，计划让关东地区的富农试制出与下酒品质相当的上酒，即高级酒，也制定了相关计划，致力于扶持关东酿酒产业。

这个计划的策划者，正是试图减少下酒入港量的松平定信。先前提到的《宇下人言》这本书中，也记录了关于试制关东上酒的意见。

宽政二年（1790 年）八月，主管幕府经济政策的勘定奉行所中，汇集了来自武藏与相模的十一名豪商，奉行所向他们下达了试制总计三万樽关东上酒的命令。虽然正处酿酒限制期中，但特别法外开恩，批准这几位上马全新的酿酒项目。

接到试制命令的其中一位富农，根据武藏国幡罗郡下奈良村（现埼玉县熊谷市）名主吉田市右卫门家中残存的相关史料，早在三月试制的相关工作就已开始。吉田市右卫门则被江户勘定奉行所传召，获得试制关东上酒的密令，之后递呈相关预算。其他接到命令的富农，情况与此应当大同小异才是。预算经过研讨之后，最终进行试制。

这时幕府推出了大量出借酿酒用米等一系列优惠政策。可以看出幕府对此下了一番工夫，但试制过程究竟是否顺利呢？

“千杯不醉”——上酒试酿始末

令幕府念兹在兹试酿的上酒，当年九月，就已经开始在江户零售了。

关东出产的酒品在江户出售时，通常要发给经销地酒的问屋，但幕府特许试制出御免关东上酒的豪商，就在江户的灵岸岛、茅场町、神田川附近开设店铺，直接进行售卖。免去问屋那一道程序，也能相对压低售价。

虽然幕府下达命令试制与下酒品质相当的关东上酒，但仍然无法对此完全放心。两款酒虽然看起来十分相似，但短时间内显然不可能酿造出与下酒品质相当的关东上酒。大家长久以来的印象都是地酒品质不如下酒，可以想见，这将会成为一个不利因素。考虑到上述不利条件，应当尽量压低关东上酒的价格。奉命进行试制的富农们，所得利润也仅为成本的一成。

如此重要的销量情况又是如何呢？

最初，因为物以稀为贵，一时上酒成为社会关注的热点，所以销量还算过得去，但最终还是沦为滞销品。

上酒的品质管理方面出现了问题。民众普遍评价此酒风味不佳，入口甜腻，简直千杯不醉。采用临时抱佛脚的技术，是很难酿造出与下酒品质相当的关东上酒的。

然而，幕府只要还依赖着上方地区提供的生活物资，在紧要关头时就会无以为继。既然对于自己一直被上方地区压过风头的情况很是在意，那么无论如何，也有必要酿制出一款关东地产上酒才是。

所以，御免关东上酒计划最初是与酿酒及入港限制令同时启动的，之后保持原样一直继续了下去。即便在前两项限制令都遭撤销之后，幕府对于自酿计划的态度依旧没有任何动摇。

上酒试制事件在关东一带尽人皆知后，请求参与试制的富农纷纷现身。这恐怕是因为幕府大量借出酿酒用米，以及在江户售卖还有优惠政策这些很有吸引力的缘故吧。也就是看准了商机。宽政十一年（1799 年），“关东八国”① 中，除了上总国、安房国，其余六国总计有四十余名富农接受了幕府的援助，试制上酒。

直至天保四年（1833 年），幕府一直在支持着上酒

① “关东八国”，日本古时的八个诸侯国，亦称关八州，即相模（神奈川县）、武藏（东京都/埼玉县）、安房（千叶县）、上总（千叶县）、下总（千叶县/茨城县）、常陆（茨城县）、上野（群马县）、下野（栃木县）等八国。——译者注

的试制工作，但在酒的品质方面，最终也无法做到与下酒品质相当的地步。这一点也反映在了销售情况上，幕府方面再次认识到了与上方地区在酿酒技术方面存在的差距，从数量而言，地酒几万樽的产量相对于超过一百万樽下酒的入港量，简直是杯水车薪。①

虽然减少下酒江户入港量的计划以失败告终，但幕府向那些志愿试制关东上酒的富农们出借了大量的米，这种政策也成为促使关东地区富农向酿酒业进行资本投入的一个重要原因。由于收成良好，米价下跌也助推了许多富农进军酿酒业。但是，江户市场早已被下酒所垄断，地酒的销路其实并不在江户，而在同样的农村地区。

御免关东上酒项目为关东酿酒业的发展作出了重大贡献，之后，还将担当起增加农村地区酒类消费的大任。②

(4) 廉价浊酒的流行

有效缓解身体疲劳

一提起日本酒，大家普遍都会联想到清酒，但清酒

---

① 吉田元『江戸の酒つくる・売る・味わう』岩波現代文庫。

② 安藤優一郎「近世後期の関東地廻り酒の展開｜武蔵国（多摩郡）を事例として｜」『食文化研究助成成果報告書十一』財団法人味の素食の文化センター）。

是在战国时代开始被酿造出来，在江户时代才成为大众饮品。另一方面，现在已经几乎不再有人饮用的浊酒，却是在清酒之前就已被酿造出来。

可以以是否进行过滤，来区分清酒与浊酒，但也并不只有这一个判断方法。如上所述，基于寒造、段挂、火入等代表性精密制作工艺，花费长时间酿造而成的是清酒，比清酒费时更少、制作过程更加简单的，就是浊酒了。

由于酿酒技术的发展，战国、江户时代被认为是从浊酒渐渐向清酒过渡的时代，但这并不意味着浊酒的酿造宣告终结。即使到了江户时代，人们仍继续酿造浊酒，毕竟，这仍属于一款大众饮品。准确地说，是人们分成了喝清酒与喝浊酒的两派。

清酒与浊酒最大的差别，其实在于原料。清酒使用的是被称为“正米”的优质米，而浊酒使用的是被称为“恶米”的小粒米、碎米等劣质米。

既然制作工艺十分简单，浊酒的品质无可避免地与清酒相差甚远。所以，很难商用，只能自饮。

然而，浊酒也有一些优势，是清酒无法企及的。那就是，虽然品质不如清酒，但胜在价格低廉。不像那些价格高不可攀的清酒，普通农民也可以喝得起，因为制作工艺简单，很多农人更倾向于自家酿造。

比起清酒，浊酒无需进一步发酵熟成，属于酸性很强的烈酒，可以提供必需的养分，对于干农活的人来说很有好处，可有效缓解体力劳动过后的疲劳感，也可以帮助抵御酷暑严寒。虽说是酒，但也不是嗜好品，对于农民来说，只能算是一种生活必需品吧。

随着人们的需求日益增长，浊酒的酿造迎来了繁荣期。其已不限于自用，酿造后进行商贩的情况也变得普遍起来了。

天保七年（1836年）七月，受米价飞涨的影响，幕府将酿酒量限制到了原先的三分之一，同年九至十月，除了清酒酿造，幕府还进行了浊酒酿造的实况调查。而当时的社会背景是，酿造浊酒进行售卖的人持续增多。

庆应二年（1866年）八月，为了降低米价，幕府将酿酒量限制到了原先的四分之一，同时禁止销售浊酒，禁止超过自用范围进行商贩的浊酒酿造。虽然无法与清酒匹敌，但从中也可以一窥当时甚至可以影响米价走向的浊酒酿造业盛况。

陋室居民喜爱的浊酒

在农村，一般酿浊酒用于自饮，而另一方面，在江户等城市，也并非只喝清酒。下酒的确很受欢迎，饮用清酒的习惯开始流行。但是，对于不得不蜗居在宽九尺

（约二点七米）进深二间（三点六米）长屋的平民来说，还是无缘此物。

因此，在江户，价格便宜的浊酒需求相当之大。由于和清酒相比制作更为简单，所以江户街巷之中，也开始大规模酿造浊酒。换句话说，基本可以做到自给自足。

如前所述，天保七年，幕府开始对浊酒酿造的实际情况进行调查。禁止浊酒酿造的活动也将要拉开序幕。

天保八年（1837 年）十二月，江户町奉行筒井政宪，对当时的老中水野忠邦提出了以下提案。近年来，城内酿造浊酒之人增多，江户全境共达一千八百六十三人。但是，这样下去就会对降低米价的大政方针产生不良影响。希望对自一年十一月开始酿造浊酒的一千五百五十三人立行禁止，只对更早之前自酿浊酒之人网开一面。

酿造量合计六千二百八十二石九斗九升，平均每人约为二十石。换成清酒的话，千石都算不上什么稀奇的事。浊酒与此相比，实属小儿科。

水野接受了町奉行的呈报，于第二年，即天保九年（1838 年）二月下达了如下指示。准许天保四年（1833 年）前开始自酿浊酒，且以此为生的一百二十四人继续酿造。虽然幕府内部也有禁止所有浊酒酿造活动的强硬意见，但如此一来以浊酒酿造为生者便会走投无路，因此这也成为了关照其生活的指令。

但是，幕府的方针完全没有得到贯彻遵守。在此之后，有很多人重新开始酿造浊酒。仅凭这一点，足以说明江户对浊酒需求之大。

对酿造禁令的不满控诉

对此现状心存畏惧的，乃是经营下酒的问屋业者及零售商人。嘉永七年（1854 年）十一月，这些人甚至都闹到了町奉行所，要求禁止江户的浊酒、烧酎酿造活动。

抗议者提出的禁止理由是："从四五年前开始，在冬天以农村正规清酒酿造同等规模酿造浊酒并大肆进行批发销售的人，便开始齐聚江户。夏天用烧酎代替浊酒，进行生产。他们当街贩卖浊酒烧酎，侵害了清酒小贩的权益。"

作为蒸馏酒的烧酎被制作出来供人们饮用变得理所当然，甚至引发了市场重心从清酒转移到价格便宜的浊酒和烧酎上的担心。由此可以确认，江户百姓饮酒选择的多样化。

接到上述投诉的町奉行，借机于安政二年（1855 年）开展调查，结果显示，江户共有四百五十九人从事浊酒酿造，其中天保九年（1838 年）获得酿造许可的，只有二十一人。已经停业者超过百人。

剩下的四百三十八人，均是在天保九年（1838 年）

以后才开始酿造活动，酿造量合计二万石至三万石。每人平均只有五十石左右。但是才不到二十年，酿造量就增加了数倍，可以看出浊酒（和烧酎）的需求很高。

另一方面，对于禁止酿造的申诉，安政元年（1854年）十二月，以浊酒（烧酎）为生的人们作出如下反驳。

“零售业者只以一升为单位出售酒品。消费层也尽是为了挨过严寒酷暑而购买的穷人，这种销售规模根本不会侵害到清酒零售人的利益。”他们以此主张，恳求允许继续酿造。

翌年九月，老中阿部正弘作出以下决断。

“浊酒酿造保持现状即可，但不要让酿造人数再有所增加。”事实上，清酒零售者的申诉被驳回了。此举充分照顾到了浊酒酿造人的生活，而浊酒也已经深深渗透进了江户人的生活之中，这些都是隐藏在此次政治判断背后的深层次原因。①

不仅在农村，即便在江户，也酿造出了相当数量的浊酒。关于酿酒的话题，就此打住。接下来看看喝酒的场所吧。

---

① “濁酒手造渡世之者之儀二付調”国立国會図書館舊幕府引繼書。安藤優一郎“日本酒文化における濁酒釀造の歴史—青酒との比較から—”“食生活科學・文化及び地球環境科學に關よる研究助成研究紀要”アサヒビール學術振興財団。

2. 繁华街市的饮食

(1) 行销的基本业态：摊贩

本钱很少也可以做的移动贩卖

江户城中武士町人杂居一地，人口中男性所占比重极高。孑然一身靠自己天天做饭度日也是有限度的，所以自然而然，这里的饮食产业就发展起来了。

本书第1章介绍了荞麦面等快餐食品的发展情况，说起来到底去哪里填饱肚子，又在何处微醺买醉呢？可以在外面吃饭的地方有街边的餐饮食肆，但可不仅如此。不管怎么说，这里也有很多繁华街市。

说到江户代表性的繁华区，有架在隅田川上的两国桥上并扩展到田本的广小路、浅草寺等寺庙神社的门前院内、日本桥和浅草的戏町以及吉原等地。就连隅田川沿岸（墨堤）和以赏樱胜地闻名的飞鸟山等观光圣地，也有开设饮食店，并逐渐变成了和现在差不多的繁华闹市。

饮食行业的营业形式有二。即为常设店铺营业与移动贩卖这两种形态。

开设店铺进行营业，某种程度上来说需要一定的资金能力。虽然做生意不可能如此简单，但如果仅仅到人多的地方售卖，就没有必要开店铺了。如此一来，资金实力弱的人，也可以非常简单地做点生意。

在路边、空地等公共场所出摊售卖，卖完后再收拾撤回的方式，有点类似现在的饮食承办。其中较具代表性的，便是挑着屋台担子，边做边卖荞麦面的荞麦屋。这就是当时所谓的“夜鹰荞麦”。

上一章，说到了庄内藩勤番侍金井国之助在江户城正门门前的屋台上买了砂糖饼，而那种屋台，就是一边走街串巷一边销售吃食的典型商贩。如前所述，在一齐登城日的大手门前，贩卖各种饮食的屋台业者，就会齐聚于此。

即便是在利用店铺提供饮食的情况下，实际却可移动贩卖的营业事例也谓很多。用木板搭建屋顶和地板的店铺被称为“床店”。用苇帘覆盖四周的摊位被称作“葭簀张”。无论哪种，都是简易搭建的小屋。虽然这样做和用扁担挑着商品到处叫卖的“振卖”式销售方式相比，仍需投入一定费用，但比起租用固定店铺，营业成本显然低了不少。

因此，在广小路（空地）和寺社境内，很多人纷纷增设屋台，搭建床店。江户的广小路，因被作为防火隔离带，通常并不允许开办常设店铺，但因为屋台、床店可以移动，所以才被幕府允许营业。但无论是广小路还是寺社境内，都需要向在这里经商的业者收取相应的费用，即场地费。

屋台和床店，一般提供茶酒、果子、水果，或者经过简单烹饪的食物。其中，提供经过加热处理食物的摊位，被称为煮卖屋或烧卖屋。

女主人是不是忙于切片装盘呢？“葭簀张”形式的粟饼店（「守贞谩稿」日本国立国会图书馆藏）

因“江户之华”大火的缘故，屋台、床店数量激增

在屋台、床店作为移动式贩售形式灵活参与饮食市场竞争的江户，其数量有时会出现一口气猛然增加的情况，而这，往往出现在大火之后。

明历三年（1657年）的“明历大火”，让江户化为灰烬。大火甚至还烧毁了江户城天守阁，之后，参与江户重建的劳动人口从周边地区大量流入。总而言之，由于单身赴任从事建设工程的劳动力激增，在外就餐的需求异常高涨。其结果便是，以煮卖屋为中心的餐饮业者数量飞速增长，且基本上都是以容易上手的屋台、床店形式出现。

转身投向餐饮业的，还有在“明历大火”中失去家当乃至劳动工具的人。

从幕府的立场来看，为了推进江户重建，必须确保大量劳动力。因此，向劳动者提供食物的餐饮业的发展本身，本应大力欢迎才对。但问题在于，如此一来，开火用灶的饮食企业，势必随之增加。

尤其不能忽视的是，挑着火种沿街叫卖做好食物的人越来越多。这可能会增加发生火灾的风险。

正如“火灾和打架乃是江户之华”这句俗语所表达的那样，江户城火灾多发。町人居住的地区人口密度很

高，巷子里塞满了密密麻麻的长屋，一旦发生火灾，随时都有蔓延的危险。

易燃的木造建筑也是罪魁祸首之一。再加上町内灭火消防的能力较低，唯一最有效的灭火方法，就是破拆可能会延烧的住宅。作为幕府来说，显然不能对易成为火种的屋台的营业行为掉以轻心。

贞享三年（1686 年），幕府宣布，江户城内街市各地，严禁携带火种流动贩卖。虽然禁止对象中列举了用火烹调的荞麦面和乌冬面，但实际上，还是将屋台营业本身视为引起火灾的原因吧。

顺便一提，常设店铺用火烹调的行为，被排除于禁止对象之外。从这一方针可以明确地看出，幕府所针对的，就是携带火种移动贩卖的饮食业者。

但是，仅靠常设店铺，根本无法满足日益增长的外食需求。

轻松开业， 无需审批

重建完成后，江户城市人口开始迈向百万大关。受人口剧增的影响，外食市场不断扩大，需求不断增加，但如果缺乏必要的资本，根本无法开设常设店铺，因此，其店铺数量，也就是供给量是有限的。

另一方面，不需要多大本钱的屋台，可以期待供应量

贩水卖虫者往来如织的场景。其中还可见“鲤料理”的屋台（「江户歳时记·盛夏路上図」〈部分〉日本国立国会图书馆藏）

的大幅增加。从幕府的立场来看，如果不能满足基本的饮食需求，就会给依赖在外就餐的百姓生活带来不便，从而引发社会不安。

如此一来，继续固守禁止屋台营业的态度显然十分困难。幕府被迫默许了屋台数量的增加。

屋台增加的理由，不单单是需求问题。增加数量供给的深层次原因，还在于饮食行业，是因火灾而失去住所甚至劳动工具者重新开始创业，或者是容易转入的行业。简单饮食业，不需要业者具备较高的熟练技艺和商品知识，所以创业、转行的难度较低。

另外，与现代不同，不需要得到当局的许可，这也成为开设屋台的有利因素。

虽然此类屋台之代表，乃是荞麦屋，但寿司屋和天妇罗屋相比之下其实也毫不逊色。根据《守贞谩稿》记载，一条街上就会有三四家这样的荞麦屋。荞麦业者主要是通过挑着屋台货摊四处行商贩卖，而寿司屋和天妇罗屋则多是带有屋顶的屋台摊位。

这里，再确认一下屋台和床店提供的食物价格。按市场行情，一份荞麦面售价十六文。即使是其他食物，价格也统统便宜。握寿司的话一份仅四文或八文。天妇罗也是一客四文，这对百姓来说堪称不可或缺的存在。正因为深深扎根于百姓的生活，所以幕府不得不默许这些屋台和床店的存在。

移动贩卖餐饮食物的营业形式，并不局限于陆地。

在小船上向船客兜售酒水餐物的贩卖形式，被称为“卖卖船”。面向在大阪淀川上来往船客强买强卖饮料食物的船被称为“茶舟”。

保护小商小贩的町奉行所

江户时代，饮食业呈现不断增长的态势。

享保元年（1716年），町奉行所在进行实况调查的同时，颁布新规，开始着手禁止创办饮食业。显然，幕府是在掌握现状的基础上，想要阻止既有业者数量进一步增加。但事与愿违，新规发布之后，饮食业者不降反增。那么，实际数量又是怎样的呢？

文化元年（1804年），常设店铺中的“食品类商家”数量达六千一百六十五家。对此忧心不已的町奉行所，想要在五年里，将其减少到六千家，但这个意图最终并没有实现。适得其反，饮食业者数量反而大幅增加。根据文化七年（1810年）的相关调查，食品类商家数量增加到七千七百六十三家。

在这种情况下，文化三年（1806年），江户突遭大火。因为大火失去家当和经商工具的人们，为应对突发变故，大多转投饮食业。

虽然幕府并没有对这一趋势坐视不管，但饮食经营禁令导致出现了因为无法创业、转行而陷入生活贫困的人们。另外，如果不能确保满足需求的供给量，仅这一点就会造成社会动摇。一段时间后，幕府不得不放松了管制力度。

之后的天保六年（1835 年），食品类商家减少到五千七百五十七家。町奉行所把这个数字设置为上限，可有必要注意的是，这仅仅是常设店铺的数量。因为挑着扁担卖食品的贩夫走卒和在屋台、床店营业的流动商贩，并没有被列为减少的对象。说起来都没被作为调查对象看待。

虽然幕府出于对火灾的担忧，尽可能减少了屋台与床店的数量，但是负责实际落实的町奉行所，却对于尝试解决这一问题持十分消极的态度。

原因在于，这些人属于缺乏资本的小商小贩，一旦禁止做生意就无法谋生。另一个更大的原因就是，没有哪行生意比饮食业更容易上手。

如果要强制减少固定摊位和摊点的数量，必然会动摇江户的大街小巷。对负责治安的町奉行所来说，此乃十分令人惊惧的重大事态，因而对于屋台与床店的数量减少一事不得不严肃对待。毕竟这与小本业者的生存息息相关。

如此一来，江户的饮食业者数量持续增加。而对百姓来说，便宜外食的大量供给，始终都属于不可缺少的存在。

(2) 从酒屋到居酒屋

山寨人气品牌的假酒泛滥

支撑江户餐饮服务业的屋台与床店，主要提供的是吃食。而主要提供酒品的居酒屋，在江户也很受欢迎。虽然屋台上也卖酒，但解决江户酒类消费需求的居酒屋，仍属无法忽视的存在。

江户人所饮之物，包括下酒、周边生产的地酒以及江户市井中自造的浊酒。从上方地区舶来的下酒和周边生产的地酒，都是由问屋批量进货后通过中间商被送到零售酒馆里销售的。

据《守贞谩稿》记载，经营京都、大阪地区零贩酒饮之处，系所谓“板看板酒屋”，而其在江户则被称为“升酒屋”。

“升酒屋”，顾名思义，就是论份量卖酒的酒馆。也有以樽为单位售卖者，不过如同酒馆的名字那样，以升为单位售卖的比较常见。

下面来看一下酒的价格。

文化后期（十九世纪一十年代），上方出产的极品酒，一升能卖到二百至二百四十八文（五千至六千日元）。一两折合约二十文，比一份浇汁荞面（十六文）稍贵一点。但到了天保年间（1830—1844年），一升酒的价格将近贵了一倍，达三百五六十文至四百文。

虽然上方远道而来的清酒价格很贵，但周边地区出产的品质稍差的地酒，就要便宜些。至于浊酒，就更便宜了。

下酒在江户很受欢迎的象征，就是打响了品牌。有鉴于此，把山寨版人气品牌下酒送人，已经成为了家常便饭。

仿造人气品牌下酒，在酒樽的包装草席上印上人气品牌加以售卖，这被称为“伪印”“伪寄酒”，无非是些挂羊头卖狗肉的“类印商法”。

特别是被称为“中国酒”的东海产区，大多仿造上方地区生产的下酒。因“剑菱”等人气品牌下酒缺货，江户问屋转而向东海地区酿酒业者订购所谓“剑菱”清酒。而这便是山寨酒的源头。虽然这被称为“类印商法”，但也成为了“中国酒”在江户能够扩大市场占有率的主要原因。①

---

① 日本福祉大学知多半島総合研究所・博物館「酢の里」共編著『酒と酢—都市から農村まで』中央公論社。

酒乃有生命的物品，在运往江户的途中品质劣化的风险很高。由于极易腐坏，所以要提高“调酒”的技术。而这又成为了滋生山寨品牌清酒的温床。在熟练掌握了此项技术后，在江户伪造人气品牌的清酒，也变得极为可能。

当然，酿酒者对假酒泛滥加以抗议。将酒批发给仲买的问屋也不得不对此加以应对。不过，其实就是装装样子，整个事情也就无疾而终了。对问屋一方来说，当然还是销售优先。而对酿酒者而言，也只能等待通过近代商标权的形式从政府那里获得商标保护的时代到来。

此外，用来盛酒的壶，通常是被写上酒屋商号，被戏称为“穷鬼酒壶”（贫乏德利）。只有正式用餐的时候，才会使用酒铫子①，宴会的时候则用烫酒壶烫酒来饮用。

---

① “德利”，日式酒壶，一种口很小，肚子很大的壶，可以倒入存放酒、酱油、醋的陶制、金属制、玻璃制的容器。尤其是作为从猪口倒入日本酒的酒器使用。而“铫子”是有长柄，能盛酒倒入酒杯里，金属制的器具。日式酒壶和铫子是完全不同的酒器，把日式酒壶叫作铫子是误用，但是长年累月的误用，现在误用也变得正常，因此现在把日式酒壶叫作铫子也不算错。——译者注

田乐豆腐受人追捧，居酒屋由此诞生

“居酒屋”这种字眼首见于文献，还是宽延年间（1748—1751 年）的事儿。居酒，本来是指在酒屋零沽喝酒的行为。而在那时，零售酒屋的数量超过了两千家。

因每年二月末出售女儿节，即雏祭所用的“白酒”[1]而出名的丰岛屋，如今依然是东京老店。但当年，其还只是在江户城附近的神田镰仓河岸开设的小酒屋。丰岛店一边零沽贩酒，一边在店门口配售作为下酒菜的田乐豆腐，这一组合当时极受欢迎。

田乐豆腐，是指在豆腐上涂味噌加以烤制的食物。丰岛店的田乐豆腐又大又便宜，涂抹辛口味噌所以特别下酒。丰岛店通过田乐豆腐增加酒的销售额，可以看出其十分厉害的巧妙营销战略。

像丰岛屋这样的零售酒屋，通过将居酒，即在店内饮酒作为副业的形式来经营生意。此后，以居酒为专业的酒屋逐渐出现。因为也是可以有赚头的缘故，所以以居酒为主的新店开始增加，主业为售酒，但应该也卖像丰岛屋的田乐豆腐那样的下酒菜。

---

① “白酒”，是指日式烧酒或烧酎，甲类白酒低于三十六度，乙类烧酒低于四十五度，二者蒸馏提纯工艺各有不同。——译者注

每年二月末镰仓町丰岛屋酒店所售白酒极受欢迎（「江户名所図会」〈部分〉日本国立国会图书馆藏）

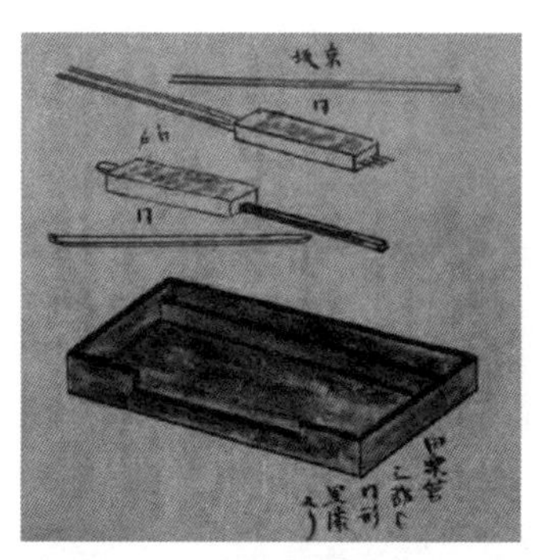

田乐豆腐与装盘。东京、大阪放二根、江户则放一串（「守贞谩稿」日本国立国会图书馆藏）

如此一来，扩展出了一个与零售酒屋不同的居酒屋营业模式。而这样做的结果，便是文献上开始出现居酒屋的名称。①

以卖酒为主的居酒屋数量持续增加。每年以下酒为主的近百万樽酒运往江户。居酒屋在其消费方面，发挥了很大的作用。

根据文化八年（1811 年）的调查，“煮卖居酒屋”的数量达到一千八百〇八家。顾名思义，这种居酒屋提供加热处理后的食物佐酒。

---

① 飯野亮一『居酒屋の誕生｜江户の呑みだおれ文化』ちくま学芸文庫。

随着江户城内屋台、床店，以及居酒屋这种全新模式饮食店的不断增多，这一趋势波及周边农村，就连关东的农村也开始出现居酒屋，生活在这里的人们在居酒屋开心地喝酒吃饭，类似的场景绝不罕见。

因此，幕府对于农村的居酒屋数量等进行了数次的调查，尽力把握现状。幕府的关注，成了即使农村也能喝酒的铁证。

不仅是江户，就连农村的居酒屋在饮酒量增加方面都作出了巨大贡献。

(3) 茶屋料理的高级化

从泡澡开始享受：料理茶屋的会席料理

一方面，在屋台、床店、居酒屋轻松愉快饮食的习惯，已经在百姓之间扎根；另一方面，在外就餐也往高级化路线发展。以料理茶屋为舞台，孕育出了商人等江户富裕阶层饮宴享乐的文化。

原本，茶屋就是贩卖饮用制茶的店，被称为“叶茶屋”。而这里提到的茶屋，则是为顾客提供饮食、娱乐服务的专门店。

提供茶果子和酒菜的被称为水茶屋，提供烹调食物的是所谓煮卖茶屋。而料理茶屋，则是售卖由专业厨师料理的食物的店铺。对百姓来说，茶屋和居酒屋算是比较有烟火气息的庶民场所，而料理茶屋所自带的高级感，却让普通人望而却步。

随着江户经济的繁荣发展，饮食生活也变得更加丰富。从明和·安永年间（1764—1781年）开始，以富裕阶层为客户群体的料理茶屋接连登场。此时，恰逢十八世纪后半期，用田沼意次[①]的名字命名的所谓“田沼时代”。

---

① 田沼意次（1719—1788年），江户时代中期的武士、大名，幼名龙助，远江相良藩的初代藩主。相良藩田沼家初代，是纪州藩的下级武士。田沼意次跟随八代将军德川吉宗来到江户，一路攀升，俸禄从六百表增加到一万石，成为御用人。德川家重在宝历十年（1762年）传位给儿子德川家治，家治格外宠信田沼意次，安永元年（1772年）竟然把他破格提拔为老中。从此田沼意次大权在握，开始按照自己的理想改革幕政。从明和四年（1767年）至天明六年（1786年）约二十年间，史称“田沼时代”。田沼意次当政期间采取的是与商业资本相结合、从商品经济发展中寻求幕府财政来源的政策。他下令承认手工业和商业的同业公会，对其征收“运上”“冥加”等税，同时企图通过同业公会控制中小城市和农村的商品生产。田沼意次积极筹划开发虾夷地，即今北海道，计划开垦农田一百一十六万町步，但最终由于田沼本人下台而未能实现。田沼意次在人事方面敢于打破重视身份和门阀的惯例，破格提拔町人为幕臣，但这造成了贿赂公行，他的拜金主义思想也助长了武士阶级道德的败坏，田沼意次终于成为从武士到民众激烈抨击的对象。——译者注

在这之后，为宴请宾客而极尽奢华的料理和高级日式酒家，即所谓料亭开始出现。为制造出让宾客更能享受料理的绝赞空间，业者在房屋、馆舍、庭院、房间等方面费尽巧思。

江户的高级料亭代表包括：深川洲崎的升屋、日本桥室町浮世小路的百川、深川的平清、浅草山谷的八百善等。当时，八百善等高级料亭像相扑力士等级榜那样来彼此争夺人气。那么，高级料亭又是如何提供餐食的呢？

据《守贞谩稿》记载，这种所谓的会席料理，提供以下的食物。会席料理是由本膳（一膳）、二膳、三膳组

江户代表性高级料亭“八百善”（「江户高名会亭・尽山谷」歌川広重画、日本国立国会图书馆藏）

成的本膳料理简略版。同样的托盘端出来的料理洋溢着高级感。

最开始上来的是吸物，即味噌汤，接下来是开胃小菜拼盘、二种菜品（煮物和烤物）、刺身、出汁（或者是茶）。到这为止都是下酒菜。接下来，是一汤一菜（或者两道菜）的正餐。一般附带有高级的煎茶和果子。

料亭提供的，还并不止这些。如果客人有需求，料亭内还设有华美的浴室可供泡浴。吃剩下的食物可以装进木盒作为土特产带走。天变黑时料亭会提供提灯服务，这样无微不至的服务体系不一而足。

对消费者来说至关重要的价位，大概在一人十文银左右。也就是一两黄金的六分之一，折合现价一万到两万日元。这对于生活在当时的平民来说，堪称很难尝到的珍馐美馔。

这样的高级料亭，除被富商用来作为私人娱乐和商业谈判的场所之外，还作为接待贵宾所用。出入幕府和诸藩的商人，选择在这里招待幕府或各藩的官员。

诸藩的江户留守居役，相当于今天的外联官员，为了交换信息，根据门第出身拉帮结派，日式高级料亭也被用来作为留守居役团体集会场所。

由于是在料亭集会，饮食自然而然地会变得奢华异常，给诸藩财政造成沉重负担。奢华的饮食也被幕府方面

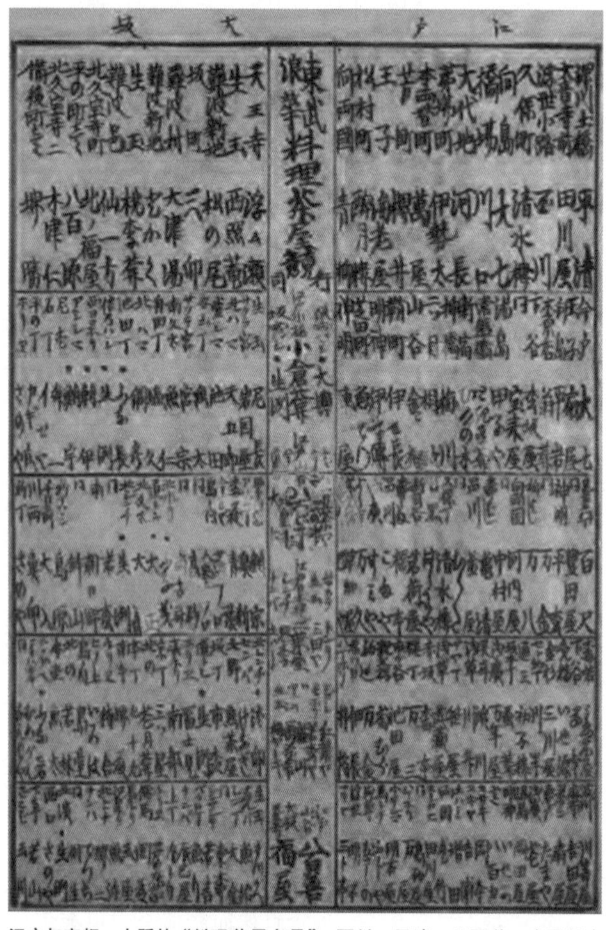

江户与京都、大阪的“料理茶屋名录”。百川、平清、八百善、扇屋料亭等均名列其中（「守贞谩稿」日本国立国会图书馆藏）

视为问题，屡次受到取缔。

料理茶屋的美食也能被外国人接受

让我们来看看在高级料亭品宴者的亲历吧。

根据上一章登场的人物，纪州和歌山藩勤番侍酒井伴四郎的日记，万延元年（1860 年）九月二十六日，他一行三人一起参谒王子神社后，移步门前一家名为扇屋的料理茶屋。位于江户北郊的王子地带，离赏樱胜地飞鸟山很近，作为观光名所，曾热闹一时。

作为王子地区的高级料亭，这家茶屋和另外一家海老屋名头很响。打包带走剩菜的服务，据说便是从这两家料亭开始提供的。在“王子之狐”这一落语中出现的扇屋名物，就是被称为“釜烧”的煎鸡蛋。

伴四郎一行被带到宴会厅时，里面已经坐有先来的客人。俄国人、美国人、法国人、英国人，各国宾客正在吃喝谈笑。①

两年前的安政五年（1858 年）七月，幕府与美国签订了《日美修好通商条约》，开放自由贸易。根据签订的条约，双方商定于安政六年（1859 年）开放神奈川、长崎、箱馆（函馆）、新泻、兵库等五港。但是，攘夷运动

---

①『酒井伴四郎日記｜影印と翻刻』。

高涨，只有神奈川（横滨）、长崎、箱馆如期开埠，兵库和新泻的开港时间，相对滞后很多。

继美国之后，俄罗斯、法国、英国，以及以往具有通商关系的荷兰也与幕府签订了通商条约。这就是所谓的“安政五国条约”。

伴四郎日记中所记载的万延元年（1860 年），贸易开放只不过一年光景，但欧美列强已经在江户派驻外交使节。因此幕府必须寻找接待外交使节的场所，其中频繁使用的，正是因风光明媚而热闹起来的观光名所王子。伴四郎等人遇到的外国人，正是有通商关系的五个国家中，除荷兰以外的其他四个国家的外交使节。在伴四郎看来，这些外国人似乎十分享受江户高级料亭扇屋为其提供的会席料理。

伴四郎把自己在扇屋吃到的肴馔收录日记当中。虽然并不知道鱼的种类，但仍享用到了美味的生鱼片，配菜有菊花、萝卜泥、黄瓜和芥末。然后吃到了用芋头和章鱼搀在米里调味焖煮，配有海鲜味噌汤的本膳。有酒、有菜、有饭，可谓大快朵颐。

伴四郎还记录下自己对宴会厅及院子的构造的绝佳印象，看来他在扇屋里尽情地享受了口腹之乐。

两个月前的万延元年（1860 年）七月为与幕府签订通商条约前来日本的普鲁士使节一行，在翌年八月到访王子时，来到扇屋。同样受到幕府款待，陪同使节的画家贝尔克这样记录当时的印象：

我们访问的茶屋名为“扇家”（Fächerhaus），旁边小溪潺潺。溪水在溪谷狭窄边缘的入口形成瀑布倾泄而下。馆舍茶亭，一半悬空，建于水上，对面峰峦叠峙。坐席掩映在树荫之下，凉爽的潺潺流水之上。精心修整的庭园旁边设有茶屋。和作为一般娱乐场所的居酒屋不同，这里的人精通世故、人情练达。包括可爱的侍者在内，全部都整理得井井有条。侍女们热情招呼外国宾客，将其引入最好的房间。

这里的装饰简洁明快，插画屏风不过两三块，但都被打磨得闪闪发光，木质墙板（羽目板）拼合得极为平滑漂亮，榻榻米也反射着清丽的光芒，墙纸和纸质拉门雪白如新，一尘不染。话虽如此，但这里的气氛却并不冷寂。入得门来，不是进到新建的房间，而是感到自己身处被通晓秩序礼法的教养之士精心管理之所。①

从这个记述可以看出，洗练的江户饮食空间的精彩之处也很好地传达给了外国人。接触到与居酒屋的不同也是很有意思的。

---

①『オイレンブルク日本遠征記』雄松堂書店。

料亭活动——书画会

说到料亭，虽然本是喝酒吃饭的场所，但不要忽视其作为娱乐场所被使用的情况。

作为希望尽量提高房间使用效率的料亭，在营业上自然非常欢迎承办团体包场这样的活动。在序章中举出的大食会/大饮会等活动话题性十足，承办店铺也能趁机得到宣传，可谓一举两得。

料亭提供会场举办的活动，除了大食会/大饮会外，还有书画会。

所谓书画会，是著名的画师或作家现场挥毫，写字作画，并将作品售卖给参加者的营销活动。

从活动举办的几个月前开始，被选作会场的料亭，就会将出席活动的画师名字写在招牌上，广而告之，为活动预热。

举办日当天，客人一边品尝菜酒，一边欣赏画师挥毫。如遇中意的书画作品，就可当场买下。而参与这项活动，也成为了画师的副业。

天保七年（1836 年）八月，记录大食会情况的曲亭马琴，在江户著名高级料亭的柳桥万八楼举办书画会。

马琴出生于旗本的“用人”[1] 之家，是位有着舍弃武士身份转投作家活动经历的奇人。

但是，马琴并非如其他画师那样以举办书画会作为副业。他是为了让孙子太郎成为武士，即所谓的御家人，迫于无奈才出此下策。

要想让孙子太郎成为御家人，就需要购买“御家人株”[2]。只要得到武士家格，无论是农民还是商人都可以成为御家人，其中，“与力株”[3] 的价码是一千两，而位

---

① “用人”，又称小姓，从顾问和上级武士家庭选拔出来的藩主儿子的玩伴，成人后可近水楼台成为近侍或管家等藩主的顾问，但仅限一代。——译者注

② “御家人株”，富裕的町人和农民为了得到武士门第，出以较大金额的金钱或成为贫困御家人的养子，或买得御家人的家格，这种称为“御家人株”。该做法在江户中期以后曾非常流行。——译者注

③ “与力”，是日本江户时代中下层武士的称呼。书面也被写作“寄骑”。战国时期足轻大将委派给上层武士管理时也称为寄骑和与力。在日本镰仓时代，与力指领地内有力的将领或地方势力。有力日语发音和与力相近，这样的人也被称为寄子。寄子通常依附于某一武将，前田利家就是最著名的与力大名。到了江户时代，与力成为辅佐町奉行的一种官职，类似于现代的警察署长。在都市中行使行政、司法和警察的职责。与力的职位要高于同心，俸禄为二百多石。相当于中下级旗本的待遇。与力可以骑马，因此与力的量词为骑。江户城南町、北町奉行所各配置马匹二十五匹。与力还有可进入女性浴池的特权。但是由于官位卑微，与力没有入江户城觐见将军的权利。——译者注

列其下的“同心”身份也要二百两。

马琴拿到了御持筒组同心的武士虚衔，想把其传给自己的孙子。御持筒组是指管理将军铁炮火器，并负责将其带到战场上的部门。该组由四队组成，每队附有与力十骑，同心五十五人。与力的俸禄是八十石，而作为其下级的同心的俸禄则为每人十俵。

同心的身份虽然比与力便宜，但是价码达到了二百两，无论如何都算一大笔钱。即使是人气作家的马琴，也不可能信手拈来，一下子就筹措到手。

因此，马琴为了孙子开办书画会，希望变卖自己心血之作，赚到购买身份所需资金。

马琴作为当时知名的作家，活动当天吸引六百多名客人参会，盛况空前。通过这样的努力，成功地确保其得到购买同心身份所需的一大笔钱。马琴借此让自己的孙子顺利成为了御家人。

3. 接待料理和酒

(1) 武家社会的款待料理

巩固将军大名关系的“交杯酒”

在江户幕府立足未稳的开府时期，江户城的将军频繁到访诸大名的江户府邸。将军出城称为“御成”，而其出访目的地，大多是有实力的外样大名屋敷，即府邸。

将军出访大名府邸，始于二代将军德川秀忠。虽说作为将军的德川家位于大名之上，然而适逢战国硝烟未尽之时。在之前的丰臣政权时代，对丰臣家行臣下之礼的德川家和外样大名其实无异。

因此，为了将身为将军的德川家和有势力的外样大名之间的主从关系昭示天下，幕府在其政权所在地江户，策划了将军访问大名屋敷这一政治活动。接到来自幕府的指示，外样大名想尽办法隆重款待到访的将军，而在这场所谓“御成行事”的活动中，喝酒吃饭被列为重要组成部分。

秀忠访问大名府邸，总共有二十九次。首次访问出现在庆长十年（1605年）五月，他访问了姬路藩主池田辉政的府邸。对此，可从留有记录的庆长十五年（1610年）将军访问米泽藩主上杉景胜府邸来一窥“御成行事”的盛况。

上杉景胜在十年前的“关原合战”① 中对阵德川家康，

---

① “关原合战”，又称関ヶ原の合戦、关原之役，日本庆长五年九月十五日（1600年10月21日）发生于美浓关原地区的一场战役。广义的关原合战包括丰臣秀吉死后的一系列战役以及其他地区的一系列战役。交战双方为德川家康领下的“东军”以及石田三成组成的“西军”。庆长三年（1598年），丰臣秀吉病逝，幼子丰臣秀赖继任，全日本顿时陷入混乱。五大老之首德川家康趁机私结大名，任意分封领地。次年，四位大老中最有力的前田利家病逝，丰臣家以石田三成为首的家臣与德川家康关系迅速恶化。庆长五年（1600年），德川家康因上杉氏重臣直江兼续的诉状《直江状》，起兵征讨上杉景胜。丰臣家石田三成便以此为德川家康违反私战禁令，召集各地大名聚集于大阪城发表内府违反条文，随即起兵北讨伐德川氏。德川家康则将上杉战事交给次子，亲率大军与支持他的丰臣武将回师对抗。庆长五年九月十五日（1600年10月21日）两军主力最后在美浓一带的关原进行会战。最终，在西军将领小早川秀秋叛变的情况下，这场战争在一天内即分出了胜负。德川家康取得了统治权，三年后成立幕府。而大阪城内重要人物丰臣秀赖、淀殿等人及朝廷并未对这场战争作出太大的干预。关原战役双方均动（转下页）

因石田三成败北，最后不得不向家康谢罪，封土从会津的一百二十万石减少为米泽的三十万石。虽发誓效忠德川家，但上杉家在丰臣政权统治时期与德川家同为“五大老”①，地位相当，德川家作为当政者，希望这种主从关系以看得见的形式在全国明确上杉家的大名身份。而其所选择的手段，便是计划到访上杉家在江户的府邸。

这一年的五月六日，以权倾朝野闻名的将军近臣本多正信作为秀忠的助手来到上杉家。此行是为了传达秀忠御成的意旨。正信虽然深得家康的信任，但与上杉家却有着深厚渊源。正信的次子本多政重，曾经是身为景胜亲信的家老，即直江兼续的上门女婿。

（接上页）员了超过十万兵力，是应仁之乱以来全日本的最大规模的内战，也被誉为“决定天下的战争”，双方都指责对方为丰臣的不忠之臣。此战，德川家康巧妙利用西军人心不齐的弱点，拉拢敌方将领，迅速取得了胜利，奠定了德川氏统治的基础。——译者注

① “五大老”，丰臣政权末期制定的职务，就任者是丰臣政权下五个最有实力的大名。丰臣秀吉希望自己过世之后，由五大老来辅佐他的幼子丰臣秀赖。其根本目的是要以合议制度来抑制德川家康的抬头，以确保丰臣政权可以代代相传。但由于二号人物前田利家的突然去世，导致家康无所制约而多次违反盟约，而使“五大老”变得有名无实。关原合战后，五大老制度事实上废止。所谓五大老，分别是德川家康、前田利家、宇喜多秀家、毛利辉元、小早川隆景以及在小早川隆景去世后继任大老的上杉景胜。——译者注

在经历关原合战后，与家康敌对的上杉家，以封地减少为米泽三十万石的结局收场，而这背后是正信的奔走。此后，上杉家通过加强与正信的关系，力图保全家族一脉。正是在这一过程中，兼续招政重为上门女婿。后来，虽然兼续与政重的过继关系解除，但事实上仍与上杉家以及正信继续交好。

第二天，也就是七日，景胜登江户城，对秀忠表示欢迎将军赐访。之后，御成御殿的建设在正信的指挥下进行。御成御殿是用于接待将军的建筑物。大约半年后的十二月十八日，御成御殿便告落成，真可谓是突击工程。

秀忠访问上杉府邸，则是在七天后的十二月二十五日上午，在御成御殿，景胜献上了“太刀”①“胁差”②、

---

① “太刀”，具有较大弯曲度，刀身长三尺以上、五尺以下的弯刀。其中三尺以下的称为小太刀，五尺以上的称为大太刀或野太刀。折合日本的长度单位，一尺约为二十九公分，与中国南北朝时期相似。——译者注

② “胁差”，也称胁指，刃之长度三十至六十厘米的短刀，平时与太刀配对带于腰间，是一个备用武器，平常不使用，是当作为主兵器的长刀损毁时才使用的。对日本武士而言，胁差不是用于切腹的，切腹是用专门的短刀。太刀或打刀在格斗中与胁差一般不会同时使用，但传说中日本第一的宫本武藏用的就是二刀流。二刀流的“二刀”意指太刀与胁差。此外胁差也是准许一般百姓、町人、商贩以及其他非武士身份的人随身携带的自卫武器。因此在许多古代的抗暴事件中，带头的侠客使用的就是这种武器。——译者注

马匹等物品，这些都是表示对将军服从的种种贡品。

然后，秀忠和景胜之间频繁举杯交敬。这虽然被称为“献酬”，但也包含了作为主从关系的定约酒的意义。与贡品一起，酒成为确认主从关系的工具。继承人玉丸也被秀忠赏赐酒杯，命其改名为千德。

敬酒后，摆上了招待所用饭菜，即所谓“飨应料理”。宴席菜肴是款待的主角。同时表演“能乐”①，表演结束后，秀忠踱入御数寄屋，即茶室品茶稍歇。茶会结束后，在书院又摆上了饭菜招待。秀忠离开上杉府邸是在下午三点。第二天二十六日，景胜和改名后的千德一起，为了向将军昨天的访问表示感谢而登城。二十七日邀请同僚大名，举办了祝贺接受将军访问的筵席。历经三天，御成行事的日程，才告一段落。

秀忠经此举，向天下宣告了与上杉景胜的主从关系，将军对其他外样大名的访问，应该也进行了同样的仪式。通过反复到访大名屋敷，德川将军家的权力基础得到了

---

① “能乐”，在日语里意为“有情节的艺能”，是最具有代表性的日本传统艺术形式之一。就其广义而言，能乐包括“能”与“狂言”两项，两者每每在同时同台演出，乃是一道发展起来并且密不可分的，但是它们在许多方面都是大相径庭。前者是极具宗教意味的假面悲剧，后者则是十分世俗化的滑稽科白剧。——译者注

巩固加强。

“式三献”及“七五三之膳”所用的烧鸟与御杂煮

这种盛大的访问仪式，立足于足利将军以及丰臣秀吉留下的仪轨。德川家作为与足利将军家存在家世渊源的（今川家、吉良家等）的名门望族，通过指导城内仪典，效仿足利家的先例，宣扬了作为武家栋梁的正当性。

以前，足利将军在御成行事中，首先在寝殿举行明确主从关系的“式三献”仪式。摆上菜肴，宾主喝上三杯，其中就着菜肴主人先干为敬的行为被称为“一献”，宾主之间重复三次（初献、二献、三献），便是式三献的仪式，颇有些中国古代酒过三巡的味道。之前在上杉屋敷，秀忠和景胜之间也曾反复举杯，想必这也是行的式三献仪式吧。

式三献之后，向将军献上了太刀和马匹。之后，会场移至会所，在会所布置了款待筵席，表演了能乐。与礼品进贡同时进行的情况，大致也和德川将军家一样。

足利将军家和德川将军家的不同之处，只不过在于访问时间的长短而已。就足利将军而言，午后两点到达，第二天上午十点离开。对于通宵饮宴并观看能乐表演的将军来说，这也是一种体力活。

到了秀吉时，行事长度，缩短为从上午十点到下午四点，当天结束。德川家的上杉府邸的御成宴席，更是将时间缩短一小时，到下午三点就结束回府了。[①]

元和二年（1616年），德川家康去世后，德川秀忠第一次驾临的地点，乃是加贺藩的前田家。藩主前田利常的正室为秀忠之女珠姬，秀忠就决定去造访女婿的屋敷。虽然这是自丰臣家灭亡后第一次将军御成行事，但显然此举意在再次确认与最大的外样大名前田家的主从关系，从而达成强化德川将军一脉权力基础的目的。

此时的前田屋敷，并非现在已成为东京大学校园的本乡的加贺藩府邸，而是位于江户城和田仓门外的辰口屋敷。这里当时被作为前田家的上屋敷。

元和三年（1617年）五月十三日，来到前田府邸的德川秀忠进入数寄屋品茗。这里还为将军准备了简单的饭菜供其享用。

茶会一结束，德川秀忠就被引入了客厅。藩主前田利常献上三道菜肴，开始了“式三献”仪式。德川秀忠和前田利常觥筹交错，献酬敬酒。当时的菜肴，初献为烧鸟、御杂煮，即烤鸡肉串、烩年糕，二献为煮鹫翅，

---

① 佐藤豊三「将軍家『御成』について」(6)『金鯱叢書』第七。

三献为盐渍干鳕鱼、干鱿鱼卷等。[①]

“式三献”结束后，将军被引入了大厅。接受前田利常和前田一族的家老重臣献上的贡品之后，在正对着大厅的庭院中的舞台上，就开始了七个能乐节目的表演。第三个能乐节目结束后，秀忠再次被引入客厅，享用“七五三之膳”。

七五三之膳的基本菜式，包括七道一膳、五道二膳、三道三膳，是最高招待级别的饮食样式。进食期间，利常向秀忠进献了刻有贞宗铭文的名刀等物。七五三之膳结束后，秀忠再次回到大厅欣赏能乐。能乐表演结束后，秀忠才离开前田府邸。

第三代将军德川家光执政时期，第一次驾临本乡屋敷。宽永六年（1629 年）四月二十六日，以及四月二十九日，德川家光和前代将军秀忠，分别御成此地。

前田家早在三年前（1626 年），便开始着手准备建造御成御殿。这是除宫殿外还附建庭园（育德园）的庞大工程，全部建造完成整整花费了三年时光。顺便一提，此时为迎接将军而造的庭园内的池塘（心字池），便是日

① 堀内秀樹「史朝日新書 大江户の飯と酒と女朝日五校料から見た御成と池遺構出土資料」『加賀殿再訪』東京大学総合研究博物館）。

后文豪夏目漱石笔下《三四郎》背景舞台的所谓“三四郎池”的原型。

鹤肉清汤、鲜虾、文蛤——东瀛引以为傲之宴会膳食

宽永七年（1630年）四月十八日，德川家光驾临萨摩藩岛津家的江户屋敷。岛津家也是自关原合战以来便与德川家关系紧张，到岛津屋敷办御成行事的目的，与在上杉家如出一辙。

当时，岛津家在江户城附近的樱田建有上屋敷。四月二十一日，也曾在这里办过秀忠的御成行事，但是岛津家还是在两年前就开始建造将军的御成御殿。建筑包括大厅、御成书院、数寄屋、能乐舞台、后台、厨房等，规模不低于七百坪。天花板画和壁画也由狩野休伯、狩野内膳等幕府御用画师大显身手泼墨绘制。

彼时，为驾临府邸的将军家光献上的美食可谓穷奢极欲。其中一例吸物，乃是以鹤肉为食材，佐以牛蒡和松茸的清汤。作为长寿的象征而被看重的鹤汤，就像上一章介绍的那样，是当时最高级的膳食。

鹤肉清汤的做法是用鹤骨熬的汤焯鹤肉，加入白味噌，然后放入配菜，再淋入作为调味料的清酒。中途不可掀开锅盖，以防鹤肉香气逸散。

作为鹿儿岛乡土料理的笋羹，也被进献给家光。这是一种竹笋加上蕨菜、鱼干、鲜虾、蛤蜊、小鲍、鱼糕等五六种食物搭配的炖菜。现在，这道佳肴演变为“孟宗竹”① 加入牛蒡、胡萝卜、香菇、樱岛萝卜、葱等蔬菜，再加入两三片猪肉的形式。②

在宴席中加入乡土料理，这同前一年家光驾临加贺藩本乡屋敷时一样。前田家在宴席的膳食食材中，特地加入从故乡订购而来的北陆名产，如鲇鱼、鳟鱼等。大名们都用封地引以为傲的特色菜肴来招待将军。

为将军御成行事所准备的道具设施，只在其大驾光临时使用。通过在东大范围内的考古发掘和调查，后世的人们发现了大量将军在前田家御成行事所用饭桌和食器等，因为宅邸很大，所以餐具类一律丢弃在院子里。

虽说只使用一次着实浪费，但这样的处置办法，也是一种对将军表达敬意的方式。等到再办御成宴席时，

---

① “孟宗竹”，竹的一种。又名江南竹。其笋供食用，得名于“孟宗哭竹”。相传二十四孝之一的主人公孟宗，少年父亡，母亲年老病重，医生嘱用鲜竹笋做汤。适值严冬，没有鲜笋，孟宗无计可施，独自一人跑到竹林里，扶竹哭泣，少顷，他忽然听到地裂声，只见地上长出数茎嫩笋。孟宗大喜，采回做汤，母亲喝了后果然病愈。后人有诗云：泪滴朔风寒，萧萧竹数竿。须臾冬笋出，天意报平安。——译者注

② 江後迪子『大名の暮らしと食』同成社。

器具全部重新制作。

将军驾临时随行侍奉的人数有多少呢？从元和九年（1623 年）二月十三日驾临尾张藩府邸的秀忠御成来看，当天仅用托盘准备的膳食，就达到了二千二百六十人份，而这还只是随行侍奉秀忠的人数。

元禄十五年（1702 年）四月二十六日，第五代将军德川纲吉驾临加贺藩本乡屋敷时，前田家早晚共准备了七千人份的托盘膳食，将军御成所需经费总额也达到了二十九万八千两，可以想象，在这其中饭菜酒肉的花费，一定占据了很大比例。

大名庭园中的招待记录

访问大名在江户屋敷的人，不止将军。其他藩的大名和幕臣也会到访，他们又是用什么样的饮食招待宾客的呢？从被招待者的话中，我们得以窥见招待膳食的菜单。

在大名屋敷内建造宽广庭园，乃是惯例。除了供大名个人享用以外，也被灵活用于接待将军和其他大名的场所。纪州藩赤坂中屋敷内建造的西园，就是其中之一。

文政十年（1827 年）九月，十一代将军德川家齐驾临赤坂屋敷，准备过程中，西园大面积整修。当时的纪州藩主是家齐的七儿子德川齐顺。

齐顺本来是德川“御三卿”① 之一的清水德川家的养子，文政七年（1824 年）改作为纪州藩主的养子。齐顺刚坐上纪州藩主的宝座，父亲家齐就驾临了赤坂屋敷。

有人撰写了西园的访问记录。此人便是在清水德川家任职所谓“御广敷御用人”的一位名叫村尾正靖的旗本武士，而“御广敷御用人”，是专门守卫将军府邸中女眷所在内宅的人。

虽然年份不明，但是正靖确实受到了齐顺的款待，造访了西园，时约春季，正靖和还是清水家家主的齐顺有了接触。受到款待有十人左右。

临近正午，进入赤坂屋敷的正靖一行人，首先被带入齐顺的御殿，在那里享用了午餐（一汤三菜）后，接近未时（下午两点）时分，被齐顺召见。拜见了齐顺后，

---

① “御三卿”，是指田安德川家、一桥德川家和清水德川家。这三家和早前创设的御三家相同，都是作为德川幕府将军继承人之列选。这三家的当主都是从三位、相当于“卿”的官位，所以被合称为御三卿。姓氏其实都是德川，而田安、一桥和清水的通称，其实是取自于离其住宅所在地最近的江户城城门名称。在初代将军德川家康生前创设御三家之后，第八代将军德川吉宗时又让自己的次子德川宗武创设了田安家、四子德川宗尹则创设了一桥家，之后的第九代将军德川家重又让次子德川重好成立清水家，此后即确立了御三卿的体制，其家格仅次于御三家。——译者注

大家在西园内游赏。

庭园内，建有一处名叫长生村的地方。但这并非真正的村庄，而是人工修建营造之所，但是据说一进入长生村，就会陷入身处真正村庄的错觉。相传只要喝了那儿古井里的水就会长寿，因此取名为长生村。

虽说是村庄，却连一个农民都没有，但是从村里建造的农家来看，有一种至今为止好像有人住在那里的氛围。于是，正靖看到了以下光景：地炉里水壶热水滚沸，用串子串起来的河虾和小鱼正架在火上烤。烤豆腐、芋头、萝卜等煮好了就那样放在锅里。旁边放着菜刀和砧板。这样一个到处流露着农民生活感的空间，其实乃纪州藩营造的假象。

“土间”① 的入口处，放着装了萝卜、竹笋、牛蒡、蜂斗叶、蕨菜等准备明天拿去卖的菜篮。房子前面的田

① “土间”，在日本的传统民家或仓库的室内空间里，人类生活起居的空间被柱区分成高于地面并铺设木板等板材的地板“床”，以及与地面同高的土间两个部分。土间的制作上，通常使用三和土（涂敷灰泥的地板）、硅藻土、混凝土与瓷砖等几种工法。由于几乎与地面同高，所以比其他作为生活空间的走廊、客厅、寝室之类的房间还要更低，也因为与屋外相连，是人进出之处，不会设置能敞开的扇门，而一定是拉门。虽然现在已经小型化，但仍然维持同样的名称，原本即具有“作为地面的室内房间”的性质。——译者注

地里盛开着油菜花和茼蒿花，还种着芋头。

走出长生村的正靖一行人前往名为凤鸣阁的茶亭。齐顺正在那里等着他们。

正靖一行人落座于铺上毛毡的木板走廊。在这个茶亭里，齐顺作为东道主，开始设席款待大家。

“豪奢的料理， 加上大人给我斟酒， 不禁使人感激涕零”

当天的菜单如下：

饮茶后，端上来了鲷鱼清汤。主菜是生比目刺身、慈菇、鸡蛋、麦麸、“甘露梅”[①] 等五种食物。

一同端上的，自然还有美酒，大家酒酣耳热之际，每人面前出现了炖煮烤豆腐、芋头、萝卜的锅子。正是不久前正靖他们在长生村的农家里看到的锅子。锅里的菜被盛到盘子里放到每个人面前。

宴席渐近尾声，此时，轮到齐顺登场了。

最开始给正靖等人斟酒的，是纪州藩士。献上多道美食后，客人中一位名叫木村次太郎的人走到了齐顺的面前。齐顺亲自持酒壶给他斟酒。这就是最高级别的招

---

① “甘露梅”，青梅用盐糖加酒腌制后所得的一种冷果子。——译者注

待了吧。

轮到正靖了。纪州藩用人筒井内藏允出声道："既然是齐顺大人给斟酒，作为必要的礼仪定要一饮而尽。"但是，齐顺不会强迫不太能喝酒的人，所以只稍稍倒了一点。

其实正靖的酒量很差这件事齐顺也知道，对于齐顺的关照，正靖非常感激。

因为将军的一句话，感恩的士卒甘为其抛头颅洒热血的例子从古到今都不罕见，所论即为此事。再吟咏一句充满感激之情的俳句："蒙将军厚爱，不胜惶恐，每念及于此，泪如泉涌。"

其后，又端上来了烤竹荚鱼和长生村地炉里的串烤河虾。给不喝酒的人端上来了饭菜。吃饱了以后就要吃茶点了。果子有羊羹、馒头、红梅饼三种。品种之丰富，丝毫不亚于江户的高级料亭。

最后，访客又收到了在长生村的农家看到的装着萝卜、牛蒡等食物的菜篮，将这个作为特产送给每个人。此次饮宴安排，堪称尽善尽美。不仅如此，齐顺大人亲自斟酒给人带来的那份感动，也无法言表。①

一场宾客尽欢的景象，正在江户的大名屋敷内上演。

---

① 村尾嘉陵「嘉陵紀行」『江户叢書』一、江户叢書刊行会。

(2) 接待外交使节

来到江户的“甲比丹”

虽然江户时代又被称为锁国时代，但是与别国的外交通商并非完全断绝。与西洋的荷兰、东洋的朝鲜都有贸易往来。还通过萨摩藩与琉球缔结了外交关系。

如此一来，接待前来江户的外交使节，就变得必不可少。欧美各国的公使和领事因幕末时期签订的亲善条约和通商条约而常驻在日本，而荷兰方面更有实际的外交官驻留在日本，这便是荷兰商馆馆长。

说到荷兰，就会让人联想到长崎，幕府在长崎港内填海造出一座被称为出岛的人工岛，让荷兰人住在那里。这些荷兰人被困在可以说是侨居地的出岛上，处于江户派来的长崎奉行的统治之下。除了管理长崎的城市行政以外，负责贸易管理和外交交涉的长崎奉行采取了双人制，两人各自在江户和长崎交替工作一年。

在出岛的荷兰商馆里，有被称为“甲比丹”的商馆长，作为二把手的“海特尔”，还有厨房工人、仓库工人、书记人员、医生等十名左右的商馆成员常驻在这里。元禄时期驻留在此记录“日本志”的肯佩尔，和文政时期驻留在此创办“鸣泷塾”[①] 奠定“兰学”[②] 基础的西博尔德，都是作为商馆医生来到日本的荷兰人。商馆长虽然只有一年任期，赴长崎上任时却有整理海外消息上报给长崎奉行的义务。即所谓的“荷兰风说书”，通过长崎的荷兰语译员翻译后传到江户。通过翻译过来的《荷兰风说书》，即使是在闭关锁国期间，幕府也能大概了解世界局势。

依据幕府规定的义务，荷兰商馆馆长除了要制作、提交《荷兰风说书》一书，还要每年去江户参府，在江户城拜谒将军。除了向幕府表达对自己被允许进行贸易的感激之外，请求幕府允许自己继续贸易往来或者表达其他诉求，才是荷兰商馆长拜觐的真实目的。

每年正月，荷兰商馆馆长一行人就会从长崎出发，

① 日本江户时代的教育机构有“昌平黉”“藩校”“乡校”“教谕所”“心学舍”“私塾”“寺子屋”等，其中的“私塾”与幕府和藩府设置的教育机关不同，基本类似于中国古代私塾。其中就包括由荷兰人在长崎开办的“鸣泷塾”。幕末时期众多的泽学塾、兵学塾、医学塾等多样化的私塾更是层出不穷。——译者注

② “兰学”，是指十八、十九世纪日本为了掌握西方科学技术，曾经努力学习荷兰语文，当时他们把西方科学技术，即日本锁国时代通过荷兰传入的西方科学文化知识叫作兰学。兰学是西方资产阶级的近代科学，它对日本生产力的发展和反封建思想的产生都起过重大作用。——译者注

在三月一日或十五日在江户城拜谒将军。长崎到小仓走陆路，从小仓进入濑户内海，然后在播磨的室津或兵库上岸。那之后就通过陆路向江户出发。大概在五六月时返回长崎。

大奥佳丽也来一睹商馆长的风采

到达江户之后，商馆长除了要拜谒将军，还要直接向幕府当局传达与贸易相关的诉求。在江户停留期间，商馆长一行人就居住在被指定为住所的长崎屋。长崎屋是国产药、进口药皆有的药铺，开店位置就在距离江户城垣很近的日本桥本石町。

拜谒流程如下：

驻扎江户的长崎奉行前往长崎屋，带领荷兰人们去江户城登城谒见。不过，拜谒将军的只有商馆长一人。

身着燕尾服的商馆长与作为侍者的长崎奉行一道进入将军所在的大广间，正座跪拜，然后听到侍者唤“荷兰商馆长觐见”。闻听之后商馆长迅速退下。到这，拜谒仪式就算是完成了。

拜谒结束后，更换场所举办“兰人御览”。即将军、幕阁众人以及大奥的女性佳丽围观商馆长。他们不仅聚

长崎屋与同样壮观的药种店。也可供商馆长一行宿泊（「江户名所図会」〈部分〉日本国立国会图书馆藏）

在一起观赏荷兰人所穿衣帽，还希望荷兰人们能够唱歌跳舞以供观赏。[①]

之后酒宴招待。根据凯普尔所著《江户参府旅行日记》，虽然记载有吃到了少许食物，但遗憾的是，其对食物内容并不清楚。

在江户城，将军有时也会赐下早宴，不过据说当时的早餐是在小麦粉里加糖后烤制的面包一样，或是在切碎的咸生鲑鱼上洒上类似酱油的褐色甜味酱汁那样的东西。与后文说到的赐给朝鲜通信使、琉球使节的料理相比，很是朴素。

寺社奉行、町奉行宴请商馆长时，会端上来烤鱼、煎蛋、煮蛋、梅酒、果子等。江户诘长崎奉行[②]宴请时，则会呈上煮鱼，把煮好的牡蛎放回壳里洒上醋汁那样的东西，把鸭肉切成小块过油的炸物、作为附加小食的鱼天妇罗和煮蛋等。

商馆长一行人在江户停留期间，关心海外情况的诸大名、官员或是民间医师、学者都动用各种关系来拜访长崎屋。他们都是为了抓住这一与荷兰人直接接触的宝

---

① 片桐一男『江户のオランダ人｜カピタンの江户参府』中公新書。

② “江户诘长崎奉行”，意为江户派驻长崎的奉行，而与大名一起参勤变代的蕃内公职人员被称为江户诘——译者注。

贵机会而来。

彼时，在作为住所的长崎屋中，商馆长一行人会用西洋料理来款待兰学学者。这样一来，西洋的饮食文化就开始从长崎推广到江户。出岛的荷兰商馆举办的荷兰新年（祝贺公历新年）贺宴，也开始在江户的兰学学者之间流行起来。其开始标志，便是宽政六年闰十一月十一（1795 年元旦），兰学学者大槻玄泽在私塾芝兰堂举办的新年贺宴。

用最高级的本膳料理款待朝鲜通信使

接下来，看一看对待来日的朝鲜使节，也就是朝鲜通信使时的接待过程吧。

与荷兰不同，幕府把与朝鲜之间的外交委托给对马藩主宗氏。从镰仓时代起就掌控对马的宗氏，与朝鲜有着很深的联系，是日朝两国之间中介一般的存在。基于这样的历史经纬，对马藩肩负着沉重的外交使命，但是作为对价，幕府承认对马藩与朝鲜之间的贸易。

每当新将军即位，朝鲜就会派出通信使携国书与献礼访日，经年累月已成惯例，对马藩就负责接待他们，而其因为明白自身担任着国家与朝鲜的外交任务，所以从事接待工作时也颇有热情。

载着通信使的船队从朝鲜釜山出港，首先前往对马。

在对马与载着护卫藩士的对马藩船队会合后，前往濑户内海，在大阪湾入港。上岸后就和荷兰商馆长一行人一样，通过陆路前往江户。

到江户途中的护卫和接待，均由沿路各藩负责。虽然都是基于对马藩提供的信息来接待，但令各藩最为挠头的还是饭食供应。因为不了解朝鲜人的饮食喜好，所以只能依靠对马藩提供的信息。

对马藩写成了一本名为“朝鲜人好物之觉”的备忘录，即所谓“觉书”，分发给相关诸位大名。纪要中记载了很多零碎的小知识点，比如朝鲜人可以吃牛、猪、鹿等肉类，鲷鱼、章鱼、虾等海产，萝卜、牛蒡等蔬菜，不喜欢咸鱼干和淡水鱼。根据这些信息，各藩绞尽脑汁地为朝鲜人提供饭食。

不过，如果日方提供的饭食不合口味的话，同行厨师应该会为通信使重新制作。在此方面，荷兰商馆长来江户参府时也是这样办理的。

到达江户后的通信使的住所，从正德元年（1711年）起，变成了浅草的东本愿寺。即位于浅草寺附近，至今仍然屹立于此的东本愿寺。通信使到达江户后，幕府自然要出面接待，但是对于接待的饭食，同样令幕府深感苦恼。即使是幕府，若没有对马藩的建议，要款待好通信使也是很难的。

通信使到达江户后，幕府会择吉日在江户城举行朝鲜国王献给将军的国书呈献仪式。会场就选在大广间。通信使方面只有正使、副使、从事使（称为“三使”）能在大厅落座。正使将国书呈献给将军之后，就开始展示朝鲜进献的各种贺礼了。

之后，御三家设宴款待通信使，但将军不会到场。因为通信使不过是国王派来的使者，将军与使者同席就餐被认为会损害将军的威严。

因此就由御三家代表将军作为宴会主人来款待通信使。在大厅接受款待的只有三使，三使以外的随从人员在“松之间”等别室进餐。

呈上的料理，乃是七五三的本膳（盐渍的鲑鱼、章鱼、蜇头）、五菜二汤（乌鱼子、寿司等）的二膳、三菜二汤（蝾螺等）的三膳、摆有贝类的四膳、主要是果子的五膳等，即最高级的招待宴席——本膳料理。

琉球王国虽然表面上宣称是独立国，但实际上是由萨摩藩支配。① 幕府把与其的外交任务委托给萨摩藩。琉球派出祝贺将军即位的庆贺使和感谢琉球国王袭封的谢恩使到江户参府，也是一直以来的惯例。

赐给抵达江户的琉球使节的料理如下：三菜一汤

---

① 原文如此，或不符史实。——译者注

（鲷鱼、赤贝等凉拌菜和“车海老”[1] 等炖菜）的本膳、三菜一汤（鲅鱇、腌制烤鲷鱼等）的二膳、二菜一汤（刺身、煎鸡）的三膳、微烤小鲷鱼的四膳、鸡肉串和鱼糕拼盘的五膳。比起朝鲜通信使的虽然有些寒酸，但是对比荷兰商馆长的款待，也属十分豪华。

接待佩里的五百人份宴席耗资两千两

到了幕府末期，幕府开始与朝鲜、琉球以外的国家正式建立外交关系。而这源于嘉永六年（1853 年）六月佩里的浦贺来航事件。

美国总统菲尔莫尔希望日本能对外开放市场，遂向将军写了亲笔信（国书）。佩里为了让日本能够拿到这封亲笔信，派其麾下四艘军舰作势要挺进江户湾，幕府对此毫无办法，只能硬着头皮接受美国总统的亲笔信。佩里为了拿到回信，扬言明年会再次来航，然后暂时离开了江户湾。

第二年嘉永七年（1854 年）一月十六日，佩里再次出现在浦贺海上，要求日本对总统的亲笔信作出回应，

---

① “车海老”，一般俗称对虾，日本虽然没有明确的区分，但是发音为えび的，有汉字“海老”和“虾”两种，一说认为，按照英文的定义，被称作 Lobster 的，写作“海老”；被称作 Prawn 的，写作“虾”。换句话说，前者的行进方式为行走，而后者的行进方式为游动。——译者注

并让舰队挺进江户湾深处。三月三日，幕府屈服于佩里的要求，在横滨签署了《日美亲善条约》。接下来，日本又接连与荷兰、英国、俄国、法国缔结了亲善条约。就此，日本的国门洞开。

条约缔结之前的二月十日，幕府在横滨接待了佩里一行。在奉上集山珍海味的刺身等九品之后，又呈上了五菜二汤的本膳（鲍鱼、赤贝等凉拌菜和豆腐等炖菜）。由江户知名的高级料亭百川负责烹饪。据说五百人份的料理，就花费了两千两。

被佩里来航浦贺刺激到了的俄国，任命普恰钦作为全权使节，来航长崎，要求日本开国。接受这一要求的幕府对普恰钦一行人的款待如下所示。那是嘉永六年十二月十四日的事情。

用七菜三汤的本膳（鲷鱼、鲫鱼等凉拌菜和鸭、鲷鱼等炖菜等）、然后二本膳、三本膳即七五三膳来款待普恰钦等使节，用鱼糕等炖煮类料理和红豆饭来款待下级官士，但因为俄国人不会使用筷子，所以要从出岛的荷兰商馆取来汤匙和刀叉供其使用。

庆喜在宴席中使用了西式桌椅与红酒香槟

先于俄国迫使日本开国的美国，派遣哈里斯去伊豆下田担任领事官。哈里斯因为要就缔结通商条约进行交涉，所以前往江户。安政四年（1857 年）十月二十一日，哈里斯在江户城与德川家定将军进行会面。

那时，幕府以九菜三汤（鲷鱼等做的刺身、鸭等做的煮物等）的本膳料理款待哈里斯，但并不仅仅是本膳，乃至二本膳、三本膳、四本膳、五本膳都用来招待哈里斯，是极为豪华的宴请了。

幕府一直都用日本料理来款待外国使节，但是庆应二年（1866 年）十二月，就任第十五代将军的德川庆喜是一位通晓西洋事物的人物。第二年即庆应三年（1867 年）三月，德川庆喜在大阪城设宴，允许各国公使陪膳。老中、若年寄、大目付[1]、外国奉行等幕府高官也一同陪膳。这和坐在椅子上围着桌子用餐一样，也是西洋风格。

彼时的料理，并不是之前的日本料理，而是让法国人烹饪的包括鸡汤、鱼料理、烤牛肉的饕餮大餐。不仅仅是料理，听说宴席上还有甜橙、葡萄、香梨等制成的甜品，葡萄酒、香槟、利口酒等酒品，甚至还有咖啡。[2]

进入明治时期后，像上文提到的那样，日本宴请料理的欧美化，进一步发展。

---

① 大目付，又称大名目付，监视幕府高官、尤其是大名的官职，从旗本中选任。——译者注

② 原田信男『江户の食生活』岩波書店。

乱花渐欲的秘密

正装的游女（「守贞谩稿」日本国立国会图书馆藏）

1. 幕府公认的欢场：吉原的素颜

(1) 吉原的诞生

开设、迁移吉原的背景为何？

在本章中，将通过为饮食文化增添色彩的男女之姿，揭开江户生活隐秘一角，其舞台背景亦为上章中提及的繁华场所。首先，让我们将目光聚集到作为江户繁华场所之代表的吉原吧。

在以单身男性为服务对象的产业蓬勃发展的江户，除了餐饮业，娱乐业也在高歌猛进，其中就包括皮肉生意，即所谓“游女商卖”，而其象征，便是幕府唯一公开允许存在的烟花柳巷，即所谓“游郭”吉原。

让我们来解构一下吉原的历史吧。

江户开设幕府之时，江户的卖春场所，即所谓“游女屋”，遍布城中各处，然而，因为庄司甚右卫门等抗议

“游女屋”的陈情[①]，奉行所决定将这一行业聚拢至一个区域。

在甚右卫门等人看来，将江户市内的风月场所统一至一个区域管辖可以垄断娼妓生意，另一方面，于町奉行所而言，这样做不仅可以更加简单地管理妓院，还有助于发现形迹可疑的不法之徒。

当时，扰乱城市的不审者，即可疑人员逃至妓院的情况并不少见，町奉行所的目标是维护江户的治安，但因为妓院分散，所以也存在着管理不到位的问题。将游女屋集中在一起的这一措施，作为治安对策十分有效。

元和三年（1617 年）三月，町奉行所把甚右卫门叫来，授权其将城中的游女屋统一迁至特定区域并兴建游郭，同时，还将日本桥附近约两町四方的土地（现中央区人形町）划拨出来做建造用地。元和四年（1618 年），甚右卫门在该地开始营业，这便是吉原游郭的开端。

在吉原开设游郭的同时，幕府全面禁止在吉原以外

---

① 庆长十七年（1612 年），与幕府关系密切的倾城屋主庄司甚内（后改名甚右卫门并代代相传）向幕府上书提请设立倾城町，并提出三条具体主张：每夜清场不允许“游客”过夜或连日逗留，防止其流连于此而家败人亡；倾城町内主动打击非法人口买卖，以免良家女误陷柳巷；严格管理将有助于幕府缉拿犯罪浪人以及追寻失踪者。——译者注

的“游女商卖”，吉原成功垄断了皮肉生意，相应地，当出现可疑人员时，其也有向町奉行所报告的义务，共同合作达成维护治安的目的。

之后，随着江户社会渐趋稳定，人们饮酒作乐的机会明显增多，以此为助力，吉原也变得十分热闹。

同样地，因为身处太平盛世，江户人口激增。刚营业时，吉原周边还是芦苇丛生的烟瘴湿地，但后来开始平地建屋，住户纷至沓来，逐渐出现熙熙攘攘的闹市街区，自然而然，游郭的存在逐渐受人关注，幕府不得不担心这会扰乱城市风纪。

因此，明历二年（1656 年），幕府命令吉原迁移至江户郊外，并提供了隅田川东岸的本所和浅草寺后面的日本堤两处迁移地点供其选择，虽然吉原方面很是抵触，但也不能违背成命，最终答应迁移，并将迁移地点选定为日本堤。

面积增加五成的“新吉原”

虽然吉原被迫迁移，但当时也得到了幕府的如下保证：迁移地点预计用地规模将比之前的用地大约增加一半，之前的占地约二町（二百二十米）四方，现在东西走向可再增加一町，横宽扩大至约二町乘三町，而且，不仅仅在白天，还允许夜间营业。

在准备迁到日本堤的过程中，江户发生了大事件，之前已有所提及，明历三年（1657 年）正月发生的明历大火，导致江户城为首的城下町一带被烧得寸草不留，已经决定迁移的吉原也不可避免地化为焦土。

明历大火后，幕府大力推进江户城市的防灾化建设，为了保护江户城和城下町免受火灾侵袭，尽量将城下的建筑物迁至郊外。虽然这也促使繁华街进一步扩张，但吉原迁移是明历大火前决定的，所以最快也要于同年八月才能在迁入地开始营业。

搬迁前的吉原被称为元吉原，搬迁后的吉原被称为新吉原，但一般也会将新吉原直接称作吉原。元吉原由江户町一、二丁目、京町一、二丁目以及角町的五个町构成，新吉原的用地增加了一半，除五町外，还新增了扬屋町等。

新吉原的面积比元吉原时代增加了约五成，下面，就让我们具体看一下其内部结构吧。东西柱距尺寸为一百八十间（约三百五十五米），南北约一百三十五间（约二百六十六米），其面积达到两万余坪。周围的黑漆木院墙上附有尖利竹片，其外侧环绕着被称为“黑齿渠”的沟渠，进出烟花巷也仅限于通过大门，这些措施，都是为了防止游女逃跑。

吉原并非只住着游女，还住着许多与游女屋相关的

新吉原一角（女性脸上存有污秽）（「东都名所一覧」〈部分〉葛饰北斋画、日本国立国会图书馆藏）

从业者、商人和手艺人。根据享保六年（1721 年）的数据显示，这里的总人口为八千一百七十一人，其中游女两千一百零五人，供游女使唤的十几岁小丫头，即所谓“秃”九百四十一人。

平日被迫吃一菜一汤粗茶淡饭的游女们

虽说是烟花汇聚之地，但游女仅占吉原人口的四分之一，但其自不必说，才是这里的主角。游女分为不同等级，并对应不同的称呼，从这些名称也可以看出，随着时代发展发生了如下变化。

从前，游女只分为太夫、端女郎两级，到了吉原迁移后的宽文年间（1661—1673 年），其中又新增了格子女郎、局女郎、切见世女郎和散茶女郎，变成分为六个等级。

后来，明和年间（1764—1672 年），游女的等级，变为呼出、昼三、付回、座敷持、部屋持和切见世女郎这六个等级，呼出、昼三、付回（也有包括座敷持的说法）也被称为花魁，指高级游女，其余则被称为新造。

召唤游女所需费用，最多为一两一分，随着等级下降，费用越来越低。座敷持的召唤费用为二分钱，这还是白天加晚上一整天的价格，如果仅需过夜，价格是其一半。

吉原的游女需要白天和晚上接客两次，这被称为"昼见世"白天外出揽客和"夜间世"，即夜间外出揽客，游女们一天的时间安排如下所示：每天上午十点左右起床，然后洗澡、吃早饭、化妆，并且一边编头发一边为等待白天的客人做准备；因为要昼间接客，所以从中午开始需要走出店铺；下午四点左右，“昼见世”结束；到下午日落六点左右，一边吃一顿迟来的午饭，一边专心为等待晚上的客人做准备。

从下午六点开始要进行晚间接客，所以需要走出店铺，这段时间很长，要到凌晨零点到两点左右才能结束；也有客人在游女处过夜，但通常要在黎明前离店，游女送走了早晨才走的客人之后才能就寝，上午十点左右再起床，这便是一天的流程。

因为游女直接住在妓院，所以其饮食多是由妓院提供的，但饭只是少少的一人份，菜也只有一菜一汤，非常寡淡，实在是粗茶淡饭。

昼间接客或夜间接客时，客人们点些酒菜请游女同吃已是惯例，借此起码可以填饱肚子。后面会提到的这些点的菜被称为“台物”，但这并不适用于每一位游女，如果未能接到客人，就无法吃到这些饭菜。

如遇这种情况，可怜的游女就只能通过从其他同行那里讨要一些前一天晚上宴席的残羹冷炙用来果腹，第二天早晨用锅煮了再吃，而且她们还不能从吉原出去，由此可见她们的生活环境有多么残酷。

有狂句形容这种残酷：

“生于苦界，死在净闲。”

在吉原附近的三轮地区，有座通称“投入寺”的净闲寺，是一座在新吉原游郭开始营业的两年前开设的净土宗寺庙。迄今为止，去世游女的法事都一直在这里进行，因此被人们所熟知，寺内还有“新吉原总灵塔”。

(2) 吉原的游乐与饮食

畅销书《吉原细见》和茑屋重三郎

《吉原细见》，是在吉原寻欢者一定要看的小册子，作为吉原的信息杂志，年度刊行。

游女屋和游女的花名、身价、在吉原做生意的商家字号等等，按其在吉原所处街巷门牌均被详细登载。游女的名字自不必说，行乐者最关心的召妓价金，即费用，也一定翔实准确。

作为一本行乐指南，《吉原细见》内包含了许多欢客想要了解的信息，是在吉原游玩必不可少的工具书，作为吉原行乐指南，被广泛传阅，成为江户的畅销书之一。

作为因出版、贩卖《吉原细见》而成名的人物，茑屋重屋重三郎的名字不可不提。重三郎于宽延三年（1750 年）在吉原出生，其亲生父亲是丸山重助。七岁时，重三郎被过继为茑屋这一商人之家的养子，由此诞生了茑屋重三郎这一名字，而茑屋家，似乎是在吉原经营茶屋为生。

安永二年（1773 年），重三郎在位于吉原大门口的五十间道上开了家书店，开始贩卖由鳞形屋出版的《吉原细见》，后来，他在安永四年（1775 年）进军出版业，开始自行出版《吉原细见》。

为此，重三郎当年颇费了一番功夫，他不仅简单列举了妓院的名字，还通过一目了然的排序方式对其进行介绍，因为重三郎出版的指南能够使人立刻就知道头牌游女屋的所在，所以非常受欢迎，销售额直线上升。

重三郎通过出版《吉原细见》获得巨额利润，一跃成为江户出版界的风云人物，不仅出版了《吉原细见》，还涉猎戏剧小说等，通过出版了人气作家朋诚堂喜三二的作品，并且延聘人气画师北尾重政和胜川春章画插图，刺激销量，他在戏剧小说领域也切切实实占据了一席之地，是一位类似于出版制作人开山鼻祖的人物。

重三郎成功的理由有很多，其中至为重要的，便是作为《吉原细见》的出版者在吉原开店，也就是说，他和人气作家、画师结交的地点，便是吉原。

吉原不仅仅是游玩行乐之所，也是江户文人们交流的社交场，他们不仅发表以吉原为题材的作品，还为茑屋出版的《吉原细见》写序文、画插图，这些文人也为重三郎出版《吉原细见》获得巨额利润贡献了一分心力。

利用在吉原结交的人脉，重三郎成为优秀的出版制

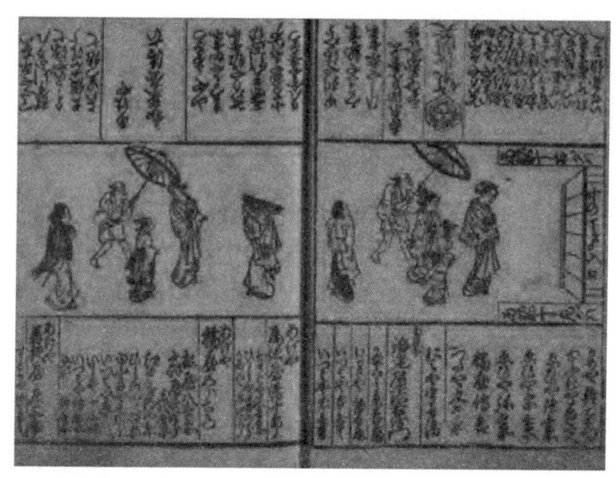

《元文五年吉原细见》一部（鳞形屋版、日本国立国会图书馆藏）

作人，为社会不断输送受欢迎的作品，其出版事业甚至还影响了单页印刷的浮世绘，他支持浮世绘画师喜多川歌麿的创作活动，在美人画领域留下传奇声名。

歌麿所擅长的美人画，是以在闹市茶屋里工作的年轻女性为原型的浮世绘。吉原的游女，也是歌麿创作美人画时的模特。一旦成为著名浮世绘画师歌麿的模特，这位游女所在的妓院业绩也会水涨船高。

歌麿所描绘的游女，大多从属于玉屋和扇屋等吉原著名的游女屋。大体上店主作为资助者负担浮世绘的制作费用，他们通过茑屋来拜托歌麿为游女作画。

浮世绘等锦绘（多色印刷的浮世绘版画）的价格，市价为一幅二十四文，比一份浇汁荞麦面的价格稍微高一点，这个价格让江户时期的平民都能轻易入手。

不仅是在江户时期最畅销的《吉原细见》，还因为能廉价获得歌麿那群浮世绘画师以游女为原型的美人画，这些都让人越发对吉原充满了兴趣。在吉原的繁华背后，事实上茑屋重三郎起到了很大的作用。

高于欢资数倍的餐费和祝仪金

人们从《吉原细见》得知了游郭和游女的信息后，通过沿着山谷堀建造的一处被叫作日本堤的高台来到吉原。高台之上，排布着许多挂着竹帘的茶摊，向前来行乐的欢客提供饮食。不仅是在吉原周边的地区，在游郭里也开有荞麦面屋、鳗鱼屋等很多能享受饮食的店铺。不仅仅是光顾游女屋的寻欢客，还有很多从外地来的观光客造访这里，吉原俨然成为了著名的观光胜地。

如前所述，万延元年（1860 年）七月十六日，纪州藩勤番侍酒井伴四郎，一行五个人浩浩荡荡地由浅草去往吉原观赏花魁道中的活动，这件事以日记的形式记录下来。根据日记对那天的记载，伴四郎几人没有在游女屋狎妓，而是直接走出了吉原的大门去往了两国。

在游女屋寻欢买春时，还出现了提供所谓“张见世”

（游女在游女屋集体亮相供客人选择）这种类型的店铺。买春者如果相中了对象，便可指名求欢。如果和游女屋交涉并达成协议，被指名的游女和床铺就会被一同送到嫖客处。但是，这只限于身价低的游女。若是指名那种所谓花魁的，事情可不会如此简单。

在吉原有一种高级的寻欢方式，即“扬屋游”。想要指名花魁，就需要在所谓“扬屋”才能与其共赴巫山。

扬屋指的是在嫖客和妓院之间起中介作用的店。其规则是买春者到扬屋指名游女，指名意向的书信会被送到妓院。然后，欢客要准备有艺人和帮间相陪的宴席，等待花魁的到来。

当然，这些费用都由欢客出资。被指名的花魁去往扬屋的活动，被称为道中，这也成为了吉原的招牌活动——花魁道中。

被指名的游女到达扬屋后，虽然在扬屋里参加了宴席，但也不是立刻就能去上床行乐。第一次是“初次会面”。第二次是“重狎同妓”，也只是露一下面而已。第三次客人已然成为了“熟客”，好歹能同榻而眠了。

因为这种事情按部就班，已经形成了规矩，所以在扬屋狎妓要花费巨额费用。除了支付的春资，还必须负担起宴席的餐饮费及艺伎和帮间的礼金，即所谓“祝仪”，这部分费用最低也是召妓费用自身的数倍。

玉屋和扇屋是吉原具有代表性的妓院，应召游女，买春费用是一两一分。总之，直到第三回成为熟客能够去到床上为止，总共下来大约要花费二十至三十两。换算成现在币值的话，大约是二百万至三百万日元。

故而，也只有一小部分人能享受扬屋狎妓。因为不是所有人都能轻易地享受此般欢愉，所以这种狎妓方式渐渐衰微。这样，原本只是为买春者提供介绍服务的所谓引手茶屋，鸠占鹊巢，取代扬屋，让嫖客相对容易地享受云雨之欢。

通过引手茶屋来指名花魁，也必须在茶屋开办宴席。需要支付包含饮食费和艺伎等人的祝仪、茶屋的佣金，即“手数料”在内的相当大的费用。但是，这与扬屋狎妓相比不拘泥于形式，因为寻欢成本相对较低，所以人们的行乐方式，渐渐从扬屋狎妓转移到引手茶屋。

江户多火灾，吉原也不例外，曾多次遭到焚毁。在重建房屋期间，游女屋在别的地方继续营业，这被称为“仮宅”，通常是在浅草、两国、深川等地营业。

以“仮宅”的方式营业时只需要支付召妓费用和饮食费用，比起在吉原狎妓花费更少。即使是在吉原无法充分享乐的人也喜欢这儿，“仮宅”的生意变得忙碌起来。

从外卖料理屋送来的“台物”

起初，宴席上的菜肴由游女屋来料理，但最终演变为由开在吉原的外卖料理屋配送。游女屋里也有厨师，虽然能够应付欢客和游女的要求，向其提供简单的酒菜，但是，能让宴席显得盛大体面的豪华菜色，还是得从外卖料理屋叫来，这已经成为了惯例。

外面拿回来的菜肴，能看出几个特点。拼盘菜肴被盛放在用料上等、有腿的大桌子上，上面装饰着鹤、龟、松、竹、梅等华丽的吉祥图案。

在吉原，这被称为“台物”。所以，外卖料理屋也被称为“台屋”。

外卖料理屋取来的“台物”（「守貞謾稿」日本国立国会图书馆藏）

“台物”有并台和大台两种。并台包括炖菜和醋拌小食两种，大台包括刺身、炖菜、烧烤、冷盘小菜四种。并台的价格为二朱金（大于一万日元），大台的价格是并台的二倍即一分金，因此，并台也被叫作二朱台，大台也被叫作一分台。

台物装饰着华丽的吉祥物，由用料上等的桌子托着被送上宴席，看上去是非常豪华光鲜。但是，与绚烂的外观不同，其中餐食的分量很少，如果宴席上同席的艺人以及帮间也要吃喝的话，瞬间就会光盘。陆续追加订单的结果，就是宴席的餐饮费用自然增多。

价格高，不等于味道就好。所谓的台物，不过就是让宴席看上去气氛高涨的料理，嫖客心里自会存在着不满。

从台屋运送台物的过程中，侍者要用头顶着桌子将台物运送到宴席上，第二天早上八点，再次返回妓院，将空桌子回收。台屋回收桌子，成为了吉原朝阳下的一幅日常景象。

2. 非官设的欢场：“冈场所”的实况

(1) 门前町与“冈场所”

寺院神社院内门前餐馆林立

如前所述，江户时期得到官方承认准许营业的游郭，只有吉原。在吉原以外地区，卖春行业本是不被允许的，但实际情况却与此大相径庭。不仅是在深川、上野、浅草、芝、音羽、根津等繁华地区，就连“江户四宿”①（品川、板桥、千住、内藤新宿），都有游女商卖横行于世。

经营不合法的皮肉生意的场所被称作“冈场所”，其

① “江户四宿”，江户时代日本全国陆路交通网的起点在江户日本桥，以日本桥为起点设置五街道，还沿路设置了许多驿站，距离日本桥最近的四座被称为“江户四宿”。——译者注

特征为集中在寺院神社的门前和院内。

深川的永代寺，上野的宽永寺，浅草的浅草寺，芝地区的增上寺，音羽的护国寺，根津地区的根津神社门前町都乃繁华之地。也就是说，寺院和神社的院内和门前，或者其他繁华闹市，都开始陆续出现冈场所。

与现代不同，江户时代，像活动大厅那样可容纳顾客的空间极为有限。大的室内建筑也就是歌舞伎场、料亭和旅店。说起来，能让人自然而然地聚集在一起的场所，也就只有寺院和神社的院内。不仅满足了自己的信仰需求，闲暇时还能期待着去享乐一下，其结果就是寺院和神社等地越发繁华起来。

幕府时期开始，寺院和神社被赐予庞大的土地，而这显然有利于冈场所的营业。来看一看浅草寺，而其应该可以称得上是冈场所在寺院和神社寄生状况的典型事例。

根据安永九年（1780 年）的统计，浅草寺院内有二百六十三家店铺。从行业种类来看的话，水茶屋最多，共有九十三家。

水茶屋指的是能提供茶饮和小吃的店铺，类似于现在的咖啡店。饮食类店数量紧随水茶屋之后的，便是“团

买卖兴隆的“奈良茶饭”的店头（「江户名所図会」〈部分〉日本国立国会图书馆藏）

子”[1] 铺，有九家。糖果铺（饴见世）有四家，还有三家菜饭茶屋。菜饭指的是将蔬菜和饭一起煮的米饭。这些都不是常设店铺，只是由售货摊和竹帘搭成的简易店铺。

不仅仅是饮食类店铺，还有售卖生活用品的店铺。说起寺院和神社院内的店铺，售卖土特产的特产店本是常态，但在当时，这里还会售卖生活用品。售卖作为牙刷来使用的杨柳枝和妇女用的化妆品等生活用品的“杨枝屋”就有六九家。还有二十家左右贩卖染黑牙齿所需“五倍子粉”[2] 的“五倍见世”。

在浅草寺门前，也有八十多家营业的店铺，这里也是江户时期“奈良茶饭”的发源地。明历大火后，浅草

---

① “团子”，是和果子的一种。将米磨成粉末（一般使用糯米）搓成的小团里加上开水揉捏，蒸煮完后成了类似年糕的点心。豆馅加上黄豆面，可以放入年糕小豆汤和什锦甜凉粉一起吃。也可以根据地方产物或特性的不同使用面粉或黍子等的谷物粉作材料。初造的团子刚刚是软身，但时间一久就会变硬，要预防团子变硬，可以在蒸的阶段加进砂糖混合，便做到持久性强的团子，把山芋加进去就更好了。——译者注

② 日本从四五世纪的古坟时代，一直到明治维新遭到法令禁止，长期以黑齿为美，本来局限于贵族女子，但后来无论男女，抑或阶层，皆有此好。做法是，首先是将烧热的铁屑浸泡在浓茶或淘米水中，再加入醋、酒等以增添染色剂的光泽。为了加强染料附着在牙齿上的能力，还会在其中混入五倍子粉浸泡数月。——译者注

寺门前的店家将豆腐汤、红烧豆腐、煮豆子等食材添加进茶饭里，推出“奈良茶饭”，博得了很高的人气。奈良茶饭，本指的是加入大豆、小豆、栗子等物的咸口茶饭，因在奈良的东大寺和兴福寺等地制作，所以被命名为奈良茶饭。

售卖浅草饼和羽二重团子的日本果子铺也有很多。于安政元年（1854 年）开业的梅园，传说当时便是在浅草寺别院梅园院的一个角落里开张的，并一直营业至今。

体现江户时期娱乐面貌的浅草寺，经过时代推移经历了明治、大正、昭和、平成，进入令和时代，现今依然是东京地区最繁华的地带之一。

取缔带有游女屋风貌的料理茶屋

就如浅草寺那样，寺院、神社的院内和门前作为美食娱乐汇聚之所，繁华起来。这也为提高寺院神社的魅力，吸引更多的参谒者作出了贡献。

寺院、神社的院内门前变成闹市后，外食产业和娱乐产业随即陆续出现。如此一来，自然而然，游女商卖行业随之登场。

挂上了料理茶屋、水茶屋、煮茶屋等招牌的同时，表明让这里的女性侍者作为游女工作的。妓女行业中得到官方许可的吉原妓女被称为“公娼”，与之相反，没有得到幕府许可的冈场所的游女，被称为“隐游女”“私娼”。

对于寻花问柳者来说，不管怎么说，冈场所的魅力，就在于召妓费用很低。

在深川的冈场所寻欢支出为金一两的五分之一，即银十二匁，和吉原的召妓费用相比，可谓很便宜。更何况，这里还不需要准备台物，也不需要给艺伎和帮间祝仪，即礼金。比起在吉原狎妓要便宜许多，同时免去了通过引手茶屋等麻烦的步骤，散布在江户各地的冈场所繁盛一时。

当然，在寺院和神社的门前和院内开设冈场所终究不是一件好事。这种事本应该严格地取缔，但实际情况却是看见了也只当没看见。其原因无外乎冈场所的存在，会使院内变得更加繁华，再加上那些有隐游女的料理茶屋会以营业税的形式缴纳大笔所谓“冥加金”。

尽管存在种种隐情，在寺院的门前和院内游女行业盛行的现实，受到了学者的强烈批判。著有刻画江户时期社会风俗书籍《世事见闻录》的武阳隐士，也在书中对寺社院内隐游女众多一事口诛笔伐。与比叡山延历寺和高野山金刚峰寺等地禁止女性入内的清规戒律相比，究竟为何寺院的门前和院内还能存在冈场所?!

此事已经成为扰乱江户风纪的重要因素，町奉行再也不能对此揣着明白装糊涂。而且，从被允许独占游女商卖行业的吉原的立场来看，冈场所的存在妨碍了自己的经营，因此强烈要求町奉行取缔冈场所。

町奉行也回应了吉原的请求，全力处理冈场所的不法行为。对其处理最严格的是八代将军德川吉宗享保改革时，任职南町奉行的大冈忠相。

享保五年（1720 年）三月，江户城街道巷弄张贴通告。尽管以前只是口头禁止隐游女营业，现在是对所有游女商卖经营者发出即将清理缉拿隐游女的预告。不要说雇佣游女者，甚至连收留游女的人也成为处罚的对象。检举者则免除处罚并且加以奖励。

同年五月，町奉行所决心严肃处理本所松坂町（今墨田区）和三田同朋町（今港区）的隐游女行业，处罚雇佣游女的经营者。同时对城镇町名主的监督不力，处以罚款。二年后的享保七年（1722 年）八月，幕府再次发出没收经营游女行业者房屋及财产的通告。

但是，寺院门前和院内因为是由寺社奉行管辖，町奉行役员不能擅自进入，所以取缔工作说白了并不彻底。在取得寺院神社谅解的过程中，其间营业的隐游女已经都逃光。寺院和神社因从游女行业获得了利益，不可否认对游女行业的取缔手下留情。町奉行对冈场所的清理取缔，进行不易。

出入游女屋的伪装

因为神社和寺院的内部以及门前存有很多冈场所，所以参谒寺院经常被人们用作逛游女屋的借口。但是，这并不仅仅适用于冈场所。去吉原行乐的时候，用参访浅草寺掩人耳目，也几乎成为惯例。

说是去浅草寺参谒，其实是去吉原寻欢。因为吉原和浅草寺的距离很近，因而产生了下面这句“川柳”①：

“和老婆偶遇在雷门。”

这是表现了想去吉原偷欢的丈夫在浅草寺雷门，或者在从吉原回来的途中遇到了自家妻子，想要慌忙说明情况的窘况。无论是哪一种情况，从这句川柳中，怎么都可以读出其内心不平静的感觉。

“天人交战后再迈雷门。”

这句，则刻画出了丈夫在雷门犹豫到底去不去吉原时的焦灼模样。

另一方面，吉原的游女屋也好还是受雇的游女也罢，也都注意到吉原与浅草寺仅咫尺之遥。一到浅草寺“开帐”之日，神社和寺院内都摆满了来自游女屋和游女的

---

① “川柳”，是一种诗歌形式，音节与“俳句”同样，也是十七个音节，按五、七、五的顺序排列。但其不像俳句要求那么严格，也不受“季语”的限制。川柳的内容大多是调侃社会现象，想到什么就写什么，随手写来，轻松诙谐。——译者注

供品。她们向前来浅草寺参谒的人推销自己的花名，并招揽他们去游女屋共度春宵。

所谓“开帐”，是指在限定时间内允许参谒者限期参谒浅草寺主佛的庆典活动，这期间参谒者人数众多。此间，游女屋和游女也会向浅草寺拜献供品。

以浅草寺为舞台，吉原的游女屋展开了激烈的营销战。

江户人住一晚待两日才能完成江户周边寺院的参谒活动，寺社参谒和游女生意的密切关系，从这当中也能确认。不仅仅是参谒，参谒后的“开荤”（精进落）才是私房之乐。参谒下总成田山（成田谒）后在成田街道船桥宿①，以及参谒相模大山不动明王（大山谒）后在东海道藤泽宿的开荤颇为有名。开荤当然包括饮食，也包括在游女屋的行乐。

(2) 作为流通中心的宿场町与盛饭女

以“盛饭女”名义被默许存在的游女

在吉原以外被禁止的游女商卖，不止在寺社门前院

① “宿”，日语中的“某某宿”，多指集餐饮住宿为一体的设施，多为古早日语所用。——译者注

现在的四谷/新宿附近。喧嚣新驿站——内藤宿的样子（「江户名所図会」〈部分〉日本国立国会图书馆藏）

内泛滥。“江户四宿”（品川、板桥、千住、内藤新宿）等宿场町[①]情况也是如此。只是，因为幕府允许在这里安置盛饭女，所以宿场町的游女商卖行为，实际上已经被默许了。

在街道附近设置的各个宿场，即驿站，聚集了各种各样的商贩工匠开设店铺。

从甲州街道内藤新宿的情况来看，以旅者投宿的旅馆为首，出现了提供休息和吃饭的中途落脚的茶屋，解决吃饭问题的米屋、酒屋、酱油屋、豆腐屋、水果子屋、饴糖屋、蔬菜店，以及处理穿衣问题的“古着屋”[②]、“足

---

① “宿场町”，诞生于江户时代，通常是由一个或几个村落组成，以宿场中的旅笼屋，即旅馆为中心，沿着主要交通要道发展的集镇或村落群。其本质上是为近世统治者德川幕府传递政令公文、为公用旅行者提供住宿服务与行李驮送的经济组织，其前身为日本律令制国家时期出现的驿马/传马制，主要负责全国范围内政府的政令传递和公家官僚的地方赴任，随着传马制诸多缺点难以克服以及日本近世幕府的新的统治需要，一种兼具传马制和宿场功能的新型行政区划宿场町在日本主要交通要道上推行开来。——译者注

② “古着屋”，类似于我国的的沽衣铺，本指将穿剩下的、或嫌过时了的衣服，送到专门收售旧衣物的店铺，由他们再转手卖给那些生活困难买不起新衣服的人从中得利，和现在将古着理解为真正有年代的而现在已经不生产的潮牌衣物有所区别。——译者注

袋屋”[①] “股引屋”[②]。被称为“大工”的木匠、被称为“左官”的泥瓦匠、箍桶师傅以及制造“指物”[③] 的工等手艺人也都聚居于此。

宿场町给人一种很深刻的印象，那便是供旅客留宿的旅馆街，但实际上，情况原非如此。宿场街是各色人等、五方杂物来来往往的地区，是经济流通中心。除了物资以外，在这里还能获得信息、文化，是走在地区生活最前端的街区。

旅舍里，一般都有被称作盛饭女的女性在工作。虽然其职责名义上是给住宿的客人盛饭，也就是照顾客人吃喝，但在背后的身份，却是游女。

吉原作为游女商卖的专门场所，得到了特别承认，幕府做出了除此之外禁止游女商卖的姿态。因此，虽然

---

① “足袋屋”，日语中的足袋，一般专指分趾的袜子和鞋。镰仓时代曾规定武家只限于从当年的十月十日到第二年的二月二日可以穿袜子，而且只有年过武士岁的老人、贵族和经过各级官府特殊批准的人，才有这种待遇，是为“足袋御免”，到江户时代，才废止这项规定。而足袋屋，显然就是经营这一足下物品的专门店。——译者注

② “股引屋”，股引，古指日本传统裤装。裤型是从腰到脚踝，比较紧身的。腰的部分用类似皮带的带子扎起来。而股引屋，显然就是经营这一物品的专门店。——译者注

③ “指物”，是指不使用一根钉子，仅靠木材的榫头接合制作的家具或工艺品。——译者注

不能批准在旅店做游女生意，但是允许以盛饭女的名义安置为旅人提供肉体服务的女性。幕府对旅店让盛饭女作为游女进行工作的事视而不见。

如上所述，去成田神社和大山神社参谒的江户人，之所以想到宿场町开荤，无非是因为旅店有盛饭女罢了。

当然，旅舍车店并非一定附有盛饭女。虽然也有没安排盛饭女的普通旅店（平旅笼屋），但旅店因雇佣盛饭女而生意大好却是事实。这也与宿场町的繁荣息息相关。

宿场的运营，主要依靠着从发挥重要角色的旅店茶屋收取的税金支撑。虽说只是营业税，但其中雇佣了盛饭女的旅店所缴纳的部分堪称巨款，这是因为其获利颇多，而这些利益的来源，就是盛饭女所收嫖资小费。

在宿场经营游女生意的不仅仅是旅店，茶屋也让女侍暗中做皮肉生意。她们和盛饭女一起，背地里支撑着宿场的生存。

实在看不下去：内藤新宿被废宿

但是，对于被授权垄断游女生意的吉原来说，这种实际状况除了会对自己的营业造成妨碍以外，一无是处。尤其是江户四宿，虽说地处郊外，但离日本桥只有二里（约八公里），简直就是强大的商业对手。吉原时刻关注着相关动向，与市内的冈场所情况一样，吉原强烈要求町奉行所对其进行取缔。

将军吉宗时代，幕府热衷于打击扫荡冈场所之事。此前已经介绍过享保五年五月清理江户市内的事例，但是幕府打击的对象，并不局限于寺社门外院内的游女商卖。

两年前的享保三年（1718 年）十月，幕府颁布了限制盛饭女人数的法令。随着盛饭女人数的增加，日本桥方圆十里（约四十公里）以内的宿场，每一家旅店盛饭女人数规定上限为两名。

江户四宿已然被盯上。幕府方面则希望通过限制盛饭女人数，来为今后的清理整顿作出铺垫。

同月，在品川宿北边的北品川新町以及善福寺和法善寺的两门前町，一家茶屋因雇佣了类似于盛饭女的女性而被幕府整肃。这家茶屋被认定从事了游女商卖。幕府将游女遣送原籍，对茶屋的经营者处以罚金，并命令拆除茶屋的二楼厢房。这也是对大量雇佣盛饭女，开展游女商卖行业的品川宿的威慑警告。

还是在这个十月，甲州街道沿途的内藤新宿受到了废宿的处分。

根据幕府方面的说法，废宿的理由是甲州街道的交通量少，但这只不过是表面说辞而已。热衷于取缔冈场所的幕府，以杀鸡儆猴的形式下达了废宿的处分。

被“编笠茶屋”的女人搭话（「守貞謾稿」日本国立国会图书馆藏）

就这样，饭盛女所做的游女商卖被认为实在不容忽视。内藤新宿作为元禄十二年（1699年）刚开设的驿站，在明和九年（1772年）恢复营业之前，足足蛰伏了五十年的光阴。

品川、板桥、千住宿的每家旅店中的盛饭女人数，均被控制在两名以内，至于内藤新宿，幕府则对其下达了废宿处分。江户四宿减为三宿，被逼入绝境。

盛饭女人数减少后的三宿景气下滑，看似不可避免。旅店方面缴纳的税钱也相应减少。

但是，明和七年（1770 年）八月，对于三宿方面堪称惊喜的事情，发生了。

从官方角度出发增加盛饭女人数

在盛饭女上限被定为两名的品川宿，实际人数有所超出的事例不在少数。旅店的心声是，为了吸引住宿的客人，哪怕增加一名盛饭女也好。

然而，幕府因屡次接到吉原投诉，派遣町奉行所的役人进入违反规则旅店查缉的事例不胜枚举。

虽然品川宿已被逼到如此境地，但盛饭女支撑着宿场的兴盛，即便是板桥宿、千住宿也是如此。三宿都因景气下滑而为客栈的运营而苦恼。

面对三宿遭遇的窘境，幕府作出了一个政治判断。推翻了之前的方针，批准大幅增加品川、板桥、千住宿的盛饭女人数。

当时，品川宿的旅店为八十至九十家，板桥宿有七家，千住宿有二十三家，虽然此前只能雇佣店铺数量两倍的盛饭女，但现在幕府准许了品川宿雇佣五百人，板桥和千住宿各雇佣一百五十名盛饭女。这样一来，幕府实际上许可品川、千住宿游女增员人数约三倍，而板桥宿的增幅则一跃超过十倍。

幕府之所以允许盛饭女大规模增员，是因为担心三宿的财政恶化会影响官员的公事出行。幕府官员因公出差时，必要的人吃马喂均由宿场承担，但如果这样下去，三宿将不堪重负。

然而，如果允许盛饭女大幅增员，旅店客栈的销售额因此增加，如此一来宿场的财政就会好转。为了确保公事出行所需的人马费用，幕府改变了以往的方针。

来自幕府的盛饭女增员的通报令让三宿欣喜若狂，但对吉原来说，却宛如晴天霹雳。而且，如上所述，明和九年（1772 年）内藤新宿再次作为宿场街恢复营业。这便是江户四宿的复活。

虽然江户四宿获得了再次繁荣的契机，但与吉原的矛盾不可避免地激化。在江户辉煌的花柳界的背后，吉原、冈场所、宿场街围绕游女商卖的市场份额，展开了激烈的竞争。

3. 出会茶屋的表里

(1) 看板娘变身偶像

让人气画师一见倾心的茶屋娘

就像浅草寺所象征的那样，在具有饮食、娱乐街市的面貌的寺社界内门前，水茶屋数目非常之多。为了竞争，水茶屋店主遂让美貌少女提供特殊服务，而这，正是因应江户作为单身男性人数较多的城市所采取的营销战略。

这样一来，参谒者对这些在水茶屋里提供服务的美貌少女品短论长也就成为必然，由此产生出偶像女子新人辈出的潮流。而最初引领该潮流的，是谷中笠森稻荷门前水茶屋中的阿仙，也就是人们口耳相传的笠森阿仙。

占据“谷根千”（谷中、根津、千驮木）地域一角的谷中，即使到了现在也是寺庙众多的街区。江户时代，这里更有一座名为“感应寺”（天王寺）的巨大寺院。在感应寺门前的一角，供奉着笠森稻荷大明神。

阿仙是笠森稻荷门前的水茶屋镒屋五兵卫的女儿，注意到阿仙的美丽的人，正是人气浮世绘画师铃木春信。他选中阿仙作为自己浮世绘的模特。

当时，浮世绘师画的，多是在繁忙水茶屋里服务的女性，且大受欢迎。虽然是所谓的美人画，但画中描绘的女性大部分都是在寺社境内或门前的店里服侍的女性。对于水茶屋来说，这也是宣传店铺的看板娘，即据牌女郎。

作为水茶屋，如果自家看板娘的人气高涨，客人就会蜂拥而至，销售额也会上涨。由于到寺社参谒的人数不断增加，允许开店的寺院也会因此受益，香火钱应当会增加。

阿仙入画浮世绘，是在江户中期的明和年间（1764—1772 年）的事了。以阿仙端茶为构图的浮世绘，大受欢迎。

笠森阿仙热潮，已经到来。

笠森阿仙大热， 周边商品层出不穷

就这样，在笠森稻荷门前开店的水茶屋里，很多人蜂拥而至。

那之中男性的数量应该占了大半。

购买浮世绘的主要人群，也以男性为主。江户是一

个单身男性很多的城市，因此对于以女性为模特的浮世绘需求量非常大。

阿仙所在的那家茶屋的营业额和笠森稻荷神社的香火钱随之增加。画了阿仙的春信，也赚了些外快。

阿仙被印在绘草纸、“双六”① 和“瓦版”② 等出版物上。连手帕上也印着她的模样，甚至还出现了“阿仙人偶”。用现代的话来说就是“阿仙周边”产品层出不穷。

明和五年（1678 年）五月，阿仙出现在堺町小戏院的“芝居”③ 台词中，由此人气更加火爆。明和六年

---

① “双六”，一种彩色石版画折。——译者注

② “瓦版”，江户街头出现类似的出版物，这种单面新闻印刷品用粘土做成瓦坯，在上面雕以文图，经烧制定型后，印在纸上而成，故被称为“瓦版”。又因贩卖者沿街边读边卖，正是名称为“读卖瓦版”。其内容多为灾害、战争、怪异之事。读卖瓦版虽称不上正式的报纸，但由于它已具有现代报纸的某些基本特征，如以报道新闻为主，印刷发行等，而且存在的时间比较长，所以被认定是日本报纸的雏形和萌芽状态。——译者注

③ “芝居”，源自“芝生”，本指的是矮草坪。古时日本人办酒席时会坐在草坪上，时至今日，日本人仍有席地而坐的习惯，春游时会坐在草坪上赏花、进食、唱歌。室町时代后，日本寺庙的正堂会举办“猿楽”或“田楽”、曲舞等文艺活动。为了维护秩序及方便观看，人们用栅栏将草坪围起来，设置观看席，民间就把这种观看席叫做“芝居”。江户时代起，作为演剧的一种的歌舞伎以及观看席、剧场，都被统称为芝居，于是在剧场出演的演剧也就用芝居代称了。再后来，芝居一词也用来表示演员的演技，在现代应用较广。——译者注

（1679 年）七月，木挽町的戏院（森田座）又以阿仙为题材演出了狂言，也大获成功。[①]

“阿仙热”，使得笠森稻荷神社的参谒者数量急剧增加，神社境内茶屋里的看板娘吸引了大量参谒者前来一睹芳容，浅草寺也出现了这种情况。

浅草寺境内也有因被画在浮世绘上而成为了偶像的姑娘。杨枝屋有一个叫阿藤的姑娘，被铃木春信画过之后获得了很高的人气。

浅草寺境内以杨枝屋多而闻名。杨枝是将杨柳枝的前端敲成穗状制成，也叫房杨枝。

各店纷纷推出看板娘以图增加营业额，然而被人气画师画过的阿藤遥遥领先，在一众竞争者中脱颖而出。

阿藤被称为“银杏姑娘”，因为她所在的店铺开在一颗巨大的银杏树下。阿藤也和阿仙一样，被印在了绘草纸和手绢之上。

笠森阿仙和银杏姑娘阿藤在江户声名大噪，二人平分秋色。明和六年（1679 年）以浅草寺为舞台，两人还共同出场燃放了焰火。从这一年的四月开始，浅草寺主

---

① 大田南畝「半日閑話」『日本 随筆大成』第一期八。

浅草寺境内为数众多的杨枝店。偶像女郎的笑容，无论古今，都堪称武器（「江户名所図会」日本国立国会图书馆藏）

佛观音像正式开帐[1]供香客参谒。

如此一来，浅草寺的人流量大大增加。因此很多茶屋都临时来浅草寺开店，就连当时红透半边天的阿仙也来到了浅草寺。阿仙所在的店铺在浅草寺营业，主打“阿仙团子”。

只要阿仙在江户数一数二的繁华之处售卖团子，自己的知名度就会更加提高；阿仙的名气大了，所在的茶屋也就更加出名，笠森稻荷神社的知名度也能得到提升，毕竟想要一睹阿仙风采的参谒者自然也会增加。这对于笠森稻荷神社来说也是件好事。

而对于浅草寺来说，他们大概是预见到，只要名人阿仙来到浅草寺，就会成为话题，吸引参谒者前来。如果两个偶像能同时在浅草寺境内燃放焰火的话，就会成为更热门的话题。由此看来说不定是浅草寺为了制造话题而委托阿仙一方来到浅草寺的。

开帐这种有期限的活动成功与否，取决于其在江户能引起多大的话题。虽说是宗教活动，寺庙及神社仍然为了增加参谒者数量而绞尽脑汁。

---

① “开帐”，多为佛教用语，意思大体类似于中文中的“开光”。——译者注

阿仙突然不见了!

江户人的偶像阿仙，在浅草寺售卖阿仙团子后的第二年，即明和七年（1770年）二月，突然消失了。

江户顶级偶像人间蒸发，引发全城骚动。虽然不像今天周刊杂志上刊登的八卦文章，但关于阿仙消失原因的各种谣言甚嚣尘上。

当时，江户流行一句话——“茶釜变水壶”，意思是“阿仙（音同茶釜）消失后，店里只剩老父（音同水壶）了”。从这句话就能看出江户人对于阿仙的消失感到多么沮丧了。

其实，阿仙只是背人耳目秘密结婚去了。她以仓地家亲戚马场家的养女身份，嫁给了身为旗本的仓地政之助。据说仓地家原本也是与笠森稻荷神社存在密切关系的家族。

顶级偶像嫁给将军直参[①]的旗本，必然会成为全江户的谈资。虽说是以养女身份嫁入，但这种身份上的差异本应会成为话题，但仓地家是担任将军府御庭番[②]的家族。

---

① “直参”，直接侍奉主君的臣下，直属于江户幕府，一万石奉禄以下的武士。——译者注

② “御庭番”，幕府官名，主要负责幕府内部的各项管理工作，由中下级武士担任。——译者注

也许是因为仓地家是担任幕府秘密警察职务的特殊家族，不愿意成为世人谈资的缘故，最终他们决定秘密结婚，阿仙便从世上消失了。

但既然江户是一个单身汉众多的城市，要不了多久，城里就会诞生下一个超级女偶像。

宽政年间（1789—1801年），浅草寺随身门门前的茶屋难波屋的“阿北”大受欢迎。阿北被浮世绘画师喜多川歌麿作为美人画的模特，跻身“宽政三美人”之列，声名远扬。这也使得难波屋的营业额大大提高，来浅草寺参谒的人也增多了。

如果注意观察在寺院和神社开店的饮食店，就能发现茶屋娘在吸引大量参谒者方面贡献良多这一模式。

(2) 出会与逢引的场所

江户的婚姻状况——“出会业者”

大量想要一睹茶屋看板娘风采的男性蜂拥而至，但除此之外，也有抱着其他目的来到水茶屋或料理茶屋的男男女女。因为在当时，茶屋还是供男女幽会偷情的所谓“逢引之所”。

这样的茶屋，被叫作“出会茶屋”，即邂逅茶屋。在上野宽永寺附近的不忍池畔，便有江户当时屈指可数的出会茶屋街，今天的旅馆街，便还留有当时的痕迹。

一起看一看江户男女的会面场景以及婚姻状况吧。

江户时代，遵循封建身份制度，婚姻也自然无法逃脱身份门第的束缚。武士和町人由于身份差异，原则上是不许通婚，即使身份相同，人们也非常重视家庭出身方面的门当户对。

幕臣和藩士等武士通常会从和自己门第相同的、或是家禄在自己之上的家族中迎娶妻子。不过，娶富裕商家的女儿为妻也很常见。对于经济条件不好的家庭来说，妻子带来的陪嫁，即所谓“持参金”可是非常有吸引力的。

但是，武士和商人之间有身份差异，无法直接结婚，因此通常用武士的养女这一身份迎娶妻子。无论是结婚还是离婚，都需要得到身为主君的幕府或藩的许可。

普通町人虽然不似武士那样，必须获得主家的许可才能结婚，但他们想要与经济能力更好的家庭的人结婚的倾向是与武士相同的。经济实力也就是资产规模越大，意味着妻子带来的“持参金”越多，结婚之后也可以给自己带来越多经济上的帮助。

那么人们是如何觅得这样的结婚对象的呢?

又要门当户对，又希望和资产规模更大的家庭女儿结婚的话，事前调查是必不可少的。武士也好町人也好，都必然需要中介业者的服务。

因此，由中介主导的相亲盛行起来。和今天一样，看戏、赏花等活动的场所，都是相亲的好地方。

当然他们并不是纯粹自愿帮人相亲，如果婚姻成立，就要付中介费，一般是持参金的一成。

结婚前双方交换文契时最主要的问题就是持参金的数额，不仅是女子出嫁，男子入赘时持参金也非常重要。离婚时按惯例要返还陪嫁钱，为了应对离婚时会出现的这种问题，双方会提前交换证明文契。文契中会规定离婚后的财产分配。

交换文契等婚约完备之后，就要进入婚礼环节。新娘坐着轿子进入丈夫家，行交杯之礼，不论武士还是町人，都是这样。

嫁入夫家时，新娘会带着婚礼道具、衣服等进入夫家，这属于妻子的财产，丈夫不能随意使用。

如果丈夫不经妻子同意就将这些东西典当或变卖，法律允许由妻子的父亲提出离婚申请。虽然妻子的财产得到了保护，但其背景依然更多考虑的是整个家族，而非个人的婚姻关系。

住在里长屋的贫穷町人，就不会考虑什么结婚仪式了。她们带着自己的行李来到丈夫的住处，直接开始婚后生活。经济条件不好的町人也不会事前交换文契，因为彼此之间也没有什么财产。

出会茶屋是男女密会的场所，但并不只是单身男女在此见面。也会有存在私情的男女避人耳目来此约会。也就是说这里还是私通的场所。

江户时期社会对于男女间私通的处罚非常严厉，无论是武士门第还是町人、农民，私通的男女双方均是死罪。幕府法《公事方御定书》规定，私通男女要在监狱问斩。

然而，这一规定实际上并没怎么得到适用。

如果受到处罚，私通之事就会被张扬出去，这对于妻子与别人私通的丈夫来说，不利之处更多。人们之间流传各种风言风语，被妻子戴绿帽子的自己和整个家族都会因此蒙羞。因此，即使人们发现私通也不会张扬，而是习惯当事者之间私了。

连芝居茶屋也被作为约会之地：“大奥丑闻”上演

男女私通的场所不仅仅只有出会茶屋，芝居茶屋中也有同样的现象发生。这一时期有得到幕府公认，被称为“江户四座”（后减少为三座）的歌舞伎小剧场。中村座、市村座、森田座和由于后文即将讲述的事情而不得不被停业的山村座。

来看戏的客人主要分为两种，一种是通过戏棚附近的芝居茶屋进入、坐在位置较高的“栈敷”的上宾；另一种是从入口直接进来的普通客人。上宾在戏剧开始之前一直在茶屋休息，每到幕间就会回到茶屋小憩，演出结束之后必定要和自己喜欢的演员在茶屋交谈一番。

上宾坐在栈敷看戏时，茶屋会为他们送上寿司、果子、水果等食物。这还只是小吃，正餐他们会在茶屋享用。

如此这般，芝居茶屋本来是看戏时享用美食的场所，但一个事件的发生，使其作为幽会场所引起了人们的注意。那便是正德四年（1714 年）正月十二发生的“绘岛生岛事件”。

当天，在大奥颇具权势的绘岛，代替七代将军德川家继的生母月光院参谒（代参）增上寺与宽永寺。这两座寺院中设有历代将军的墓所，参谒结束后，绘岛来到了山村座看戏。

对于平日被禁足于将军内宅、很难离开江户城的女性来说，没有什么比借代参之名来歌舞伎小剧场看戏更有趣的事情了。同样让人流连的，还包括与歌舞伎役者在芝居茶屋举办的宴会交流攀谈。

代参结束后，绘岛在山村座看了戏，又请当时的歌舞伎人气役者生岛新五郎来到芝居茶屋举办酒宴。然而

气派的歌舞伎小剧场（「芝居町繁昌之図」〈部分〉歌川豊国画、日本国立国会图书馆藏）

酒宴时间一再拖延，导致绘岛错过了回城的门禁，失了体面。

幕府当局十分关注这一事件，绘岛被驱逐出大奥，流放到信浓高远藩。接待了绘岛的生岛新五郎被流放到三宅岛。山村座的座主也被流放至伊豆大岛。山村座被下令拆除。

绘岛生岛事件虽被传为大奥侍女与歌舞伎演员的密会事件，但其真伪仍然无法考证。也有人说该事件是为大奥内部的权力斗争所利用而凭空捏造的，这种说法也确有道理，但艺居茶屋作为出会茶屋的一面，才是使“绘岛生岛事件”被人当作密会事件而不断议论的主要原因。

出会茶屋之中，隐藏着江户男女各种各样不为人知的秘密。

参考文献

第一章

原田信男『江戸の食生活』岩波書店、二〇〇三年

原田信男『日本ビジュアル生活史 江戸の料理と食生活』小学館、二〇〇四年

加藤貴編『江戸を知る事典』東京堂出版、二〇〇四年

青木直己『幕末単身赴任　下級武士の食日記』増補版、ちくま文庫、二〇一六年

第二章

柚木学『酒造りの歴史』新装版、雄山閣、二〇〇五年

安藤優一郎『寛政改革の都市政策｜江戸の米価安定と飯米確保』校倉書房、二〇〇〇年

吉田元『江戸の酒　つくる・売る・味わう』岩波現代文庫、二〇一六年

第三章

竹内誠『江戸の盛り場・考｜浅草・両国の聖と俗』教育出版、二〇〇〇年、安宅峯子『江戸の宿場町新宿』同成社、二〇〇四年

安藤優一郎監修『江戸の色町　遊女と吉原の歴史｜江戸文化から見た吉原と遊女の生活』カンゼン、二〇一六年

后记

江户时代由于“锁国”不得不完全依靠内需，饮食产业成为了拉动江户消费经济发展的支柱之一。本书中描写的旺盛的饮食行业实态支撑着江户的繁荣，而进入明治时代后，人们的饮食生活发生了巨大变化。西洋浪潮作为国策，席卷了明治时代人们的饮食生活。

吃的方面，肉食的习惯广泛普及，江户时代的庶民已经开始大量食用鸡肉，大名阶层还会吃牛肉，除牛肉以外猪肉的食用也逐渐大众化了。

酒的方面，引入了啤酒，同时也继续大量酿造、饮用日本酒。新政府毫无疏漏地设置酒税，以加入欧美列强的队伍、建设现代国家为目标，在财政困难的情况下不断提高税率。

想要具体说明这中间日本人饮食生活的变化，对明治时期人民生活的研究是必不可少的。本书作者想将其作为今后的课题进行研究。

本书主要说明了被称为现代生活的源头的江户时代人民的生活。以食、酒、色这三个要点为中心，明确了武士和町人的生活背景。

希望大家能通过本书，切身体会到生活在“好像很了解，又不是很了解”的百万都市大江户的人们的生活。

本书执笔之时蒙受朝日新书编辑部福场昭弘之关照提携，在此深表感谢。

2019 年 9 月

安藤优一郎

译后记：乐/阅读东京

对我而言，村上春树与其说是小说家，不如说是哲学家。小说只讲述发生了什么，而村上春树更多地是在试图讲述，为什么发生这些“什么”。

为了寻找“哲学家”村上春树，一路来到早稻田。虽然只有短短一年，无法充分“乐/阅”读东京，这座村上春树讲述最多的城市。但每每深夜，一个人听到这首或那首曾经熟悉或正在熟悉的旋律时，总是会莫名地喜欢。喜欢这种孤独。

理由很简单。

对于经历过三十多年人生的“我”来说，能够获得内心的片刻平静，无比奢侈。

寻找村上春树

你，有多久没有听到一首歌时，突然泪流满面？

很多年来，无论多痛，无论在现实这台绞肉机里挣扎得多么血肉模糊，都麻木得可以。从未想过流泪。准确地说，已经忘了流泪的感觉。

但，二〇一四年一月二十五日下午三点十二分，在西武新宿线开往高田马场的电车上，突然，开始无声地哭泣。

东京，多云。

车窗外的一切，和着泪水，模糊起来。

I touch里，有人在唱，“你知道吗/总是一个人独舞/爱就像圣殿总有人迷路/无助的人啊/总想有人能欣赏/幻想着爱情能天长/我不想一个人走了/缘分像一粒风中沙/握紧了它却从指尖挥发/我不想一个人疯了/我只要听到你回答/就算是泪水/也让我痛快的哭吧/空间的距离/就算再远也无所谓/心灵的距离/才无法逾越/电话里一句/没有我在还好吗/倔强的承诺有多傻……”①

这首歌之前无数次听过，但这次例外。仿佛突然与自己内心的某处非常柔软的情绪产生了奇妙的共鸣，一瞬间，压在心底太多太多的东西疯狂泛起。一瞬间，无比苦涩。一瞬间，无比孤独。一瞬间，无比自由。

“任何东西都一定有所谓的框架。思考也一样。不必

---

① 青蛙：《你还记得吗》，收录于同名EP，麒麟童文化唱片公司2009年9月发行。

去——害怕框架，但也不必害怕去破坏框架。人为了要自由，这比什么都重要。对于框架的尊敬和憎恶。人生中最重要的事物说来经常都是非根本的次要东西。”① 宛如偶然，我的指导老师，早稻田大学法学研究科松原芳博教授在赠书《刑法总论》内扉写道，“自由な心を大切に!”没错。固然后面拉拉杂杂的，是还算严肃的“叙事”。但现在，只想说下此时此刻的“心情”。如果，心情是存在的，抑或，是可以被描绘的。

从位于早大中央图书馆四楼十四号研究室的窗户望出去，可以看见到栉比的楼顶，以及一块醒目的蓝色告示牌。大幅蓝天上，有一道孤独的白色航迹。虽然关着窗，但仍能感觉到风，因为分明可以看到远处楼群中，那抹斑驳绿色轻轻摇摆。

有时，会将椅子从书桌上的 MacBook 前移开，望着窗外如水彩画般一成不变的风景，长时间地发呆。一个人的房间里，反复播放的是浜田省吾的那首《东京》，「窓のむこう唸るエンジン/頭の上、超低空飛行のジェット/東京、俺を追いたてないで……」，他唱道。②

---

① ［日］村上春树：《没有色彩的多崎作和他的巡礼之年》，赖明珠译，台北时报文化出版社 2013 年版。

② ［日］浜田省吾：《東京》，收录于《Home Bound》专辑，日本ソニーレコード唱片公司 1980 年 10 月发行。

多少，缺乏真实感。

但这里，的确是头上有飞机飞过的东京。

为什么会漂洋过海来到这里，固然多少有些难以启齿，但大体上与“春树”有关。

从小学看到第一本“删节版”《挪威的森林》算起，二十余年的相伴本属正常。大体还是一般喜欢。直到看到那本书，以及那句话。

村上春树曾写道，“我手握 BMW 方向盘，系着安全带边听《冬之旅》边在青山大街等红灯时，蓦然浮出这样的想法。这看起来怎么都不像自己的人生啊！”①

是不是手握 Lexus 方向盘在中国某个城市的某个路口等信号时想起这句话，诚然不得而知，但却心情低落得可以。

自己的人生，原来并非如此特别。

长久以来，支撑自己日复一日“正常”运转的信念，“咻”地被某种力量抽离，仿佛从来未曾存在过，着实悲哀得可以。

这个世界上认为自己的人生“独一无二”的人，固

---

①「僕はBMWのハンドルを握ってシューベルトの『冬の旅』を聞きながら青山通りで信号を待っているときに、ふと思ったものだった。これはなんだか僕の人生じゃないみたいだな。」村上春樹『国境の南、太陽の西』、日本講談社 1995 年版。

然并非随处可见，但大体也不会仅我一个。对此，多少还有心理准备。但读完《国境以南，太阳以西》之后，分明悲哀起来。就像《没有色彩的多崎作和他的巡礼之年》中用接受死亡换来“一般人”所没有的资质，也就是说有“特别能力”的绿川那样，瞬间获得了无比强大的知觉能力，得以推开赫胥黎曾提及的那扇“知觉之门”。而我所俯瞰的，正是活在不同时间、空间的另外一个“我”。

或许就是从那一刻起，决定，要来寻找这个“我”，以及活过一遍的他。因为这个理由，一年几乎每晚都要开车一个小时，穿越城市去补习日语。

东北的那个冬天，实在太冷。

而因匆忙赴日，与很多名利失之交臂。但不再如之前那样患得患失。或许，正如村上在《没有色彩的多崎作和他的巡礼之年》中所言，“你现在已经是超过三十五岁的大人了。不管当时受到的伤害有多重，难道不该差不多也到了可以超越的时期吗？”①

---

①「あなたは今では三十代後半の大人なっている。そのときのダメージがどれほどきついものだったにせよ、そろそろ乗り越えてもいい時期に来ているんじゃないかしら?」［日］村上春树：《没有色彩的多崎作和他的巡礼之年》，赖明珠译，台北时报文化出版社 2013 年版。

能否“超越”姑且不论，只是直觉，每个人，都需要像多崎作那样，在人生的这个阶段，暂时脱离既有的生活轨道，去一个或远、或近的地方，作一次人生的“巡礼”。

虽不全面，但大体上三十五岁的年纪微妙得可以。如果说人生是一坨“屎”的话，这个年纪的七〇后们不管怎么否认，也已无可救药地完成了最后的攀登，日后无论如何折腾，大体摆脱不了在“屎”的另一侧，从“屎”的顶端不断跌落的颓势。

这是一种谈不上撕心裂肺，但绝对痛入骨髓的无力感。

有了这个觉悟，置若罔闻也好、麻木不仁也好、歇斯底里也好，大体都是瞬间的体验，但在这个直角弯，就这样对自己的人生没有任何疑问，或者有疑问亦不关心答案的（男）人，平心而论，多少难以想象。虽然说面临明天就要结束生命的绝望感是危言耸听，但这个终点“就在那里”，已经变得无比真实了。

垂死挣扎为时尚早，或者根本就是缘木求鱼，但在“知觉之门”尚未关闭，或者情感尚未枯竭之前，找一段时间，换一个空间，认真思索下自己的人生，并非一个很矫情的决定。这个时候，需要的并不是飞往异国的机票，而只是用某种方法，如一段突然可以叩开心扉的音乐，独自去探视下曾经那个自己。

来早稻田，寻找曾经的那个“春树”，是我，在这个世界上存活的三十六年间最自私、但也最真实的一个选择，无论需要付出什么，都算值得。

只是为了纪念吧。

毕竟，这个世界，我来过。

更因为，很可能我就是那个“春树”，那个春树就是“我”。

每每路过穴八幡宫对面的早大文学院，或新年偶然看到名为“拉面春树”的街角小店的休业启事，抑或者仰视坪内博士纪念演剧博物馆门前的学长雕像，都会想举手打个招呼。

“春树，你好。”

在路上

从京都，到奈良。

JR 奈良线绿色的 RAPID 电车中，乘客并不很多。在近到似乎触手可及，又千篇一律的日式民居中蜿蜒穿行，似乎永无尽头。

困到不行，却清醒得可以。

从东京到福冈，再返回头，一路走来，在不同的机场、车站、码头进出，毫无例外地缺乏归属感。耳机中张震岳在唱，“当你在穿山越岭的另一边/我在孤独的路上没有尽头/一辈子有多少的来不及/发现已经失去/最重要的东西/恍然大悟早已远去/为何总是在犯错之后/才肯相信错的是自己/他们说这就是人生……”①

这种情绪犹如顽疾，即使从一个人的封闭空间中努力抽身出来，努力融入人群，汲汲复营营，仍然无法翻越内心的那片暗影。

“可是不管怎样，我都必须从这里离开，这点坚定不移。”②

已经出发。可，哪里是终点?

车窗外，偶有竹林一闪而过。绿色在缺乏阳光的晚冬午后，丧失了原有的灵动，成为刻板风景底片的一角。远山有不可名状的烟雾升腾，不知为何，分外像《挪威的森林》中绿子母校院子高大橡树旁，焚烧卫生巾时袅袅升起的迷蒙白烟。

和多崎作的巡礼不同，这次来奈良，并不是为了一个必须得到的答案，尽管，也曾寻找过。

越来越发现，成年人的烦恼不在于发现，而在于

---

① 张震岳:《思念是一种病》，收录于《OK》专辑，滚石唱片公司2007年7月发行。

② ［日］村上春树:《海边的卡夫卡》，林少华译，上海译文出版社2003年版。

表达。

“我觉得你能很好地理解我表达不好的事情。问题好像是你越能很好地理解，我便越表达不好。肯定天生什么地方有缺陷。当然，任何人都有缺陷。只是我最大的缺陷在于我的缺陷随着年龄的增长而迅速变大。”①

说不清为什么突然决定在JR东海线京都站下车，鬼使神差般坐很久的电车来到奈良。抑或者更为准确地是，知道自己为什么要来，但却无法表达。

只是要来这里。

天色阴沉，渗入骨髓的冷。虽然没有积雪，但却不敢大口呼吸。生怕夹杂着陌生城市特有气息的空气，裹挟着某种致命的心情，在本已孱弱的内心呼啸而过。

从车站出来，依稀可以看到很远的小巷深处居酒屋的阑珊的灯火。径直走过去，拉开了那扇门。

半夜醒来，头疼欲裂。在黑暗中努力回忆，但在拉开那扇门之后发生的一切，好像跌落深潭的石子，仿佛从来没有存在过，只留下几圈涟漪。

酒店空调出风口的声音，在耳膜中如战斗机般振聋发聩，即使用被子紧紧将耳朵堵住，仍然无济于事。

---

①［日］村上春树：《寻羊冒险记》，林少华译，上海译文出版社2001年版。

失眠。

几乎无可救药地失眠。

“这房间里确实要发生什么，发生大概具有重要意义的什么。”①

究竟发生了如何有重要意义的什么，现在还不得而知。但仿佛担心这种什么的不期而遇，天刚亮，就从酒店 Check out。

早上七点半的奈良，街道上空无一人。奇怪的是，这个时候，头顶却有一架直升机，缓缓掠过。

逃也似的登上返回京都的电车。

或许这就是来京都的意义？抑或是本来任何事情都没有所谓的意义？

“这就是你。你一直在磨损自己，磨损得比你预想的远为严重。”② 即便是在磨损，却也毫无选择。只是发现，如果有选择，就会在离京都最近的一站下车，然后坐上回程的电车。

因为，“前面要赶的路更长，但是不要紧，旅途就是生活（We have longer ways to go. But no matter, the

---

① ［日］村上春树：《天黑以后》，施小炜译，南海出版公司 2012 年版。

② ［日］村上春树：《舞！舞！舞！》，林少华译，上海译文出版社 2007 年版。

road is life)”。[1]

天狗舞、 温泉蛋与土锅炒饭

醒来，想必已是中午。

有无数条阳光从并不绵密的窗帘之中映射出来，窗帘与地板的缝隙，更是有一道颇为刺眼的光条。努力睁开涩滞的眼睛，分明有无数微尘，正在光间乱舞。

不由得长叹一声，绝望起来。将头深埋在被子里，尝试再次入眠。

又过了不知多久，意识突然不明就里地瞬间清醒，但试图掀开被子的时候，却发现这是徒劳。“并不是所谓的麻痹。只是身体想使力，却没办法，意识和身体并没有连成一体。”[2]

终于挣扎起身，用灶上的土锅炒了剩饭，只放了些残留的青葱香菜，味道却香甜得可以，找了只早就卤好的温泉蛋切开，一如既往的早餐。

毫无疑问，昨晚是喝了天狗舞的。

---

① ［美］杰克·凯鲁亚克：《在路上》（原稿本），上海译文出版社 2012 年版。

② ［日］村上春树：《没有色彩的多崎作和他的巡礼之年》，赖明珠译，台北时报文化出版社 2013 年版。

啤酒与日本酒[①]相比，多少缺乏了某种“仪式感”，适合寻常放荡。在很大程度上，日本酒更符合《北山酒经》里所说的那种“毁灭感”，“酒味甘辛，大热有毒，虽可忘夏，然能作疾，所谓腐肠、烂胃、溃髓、蒸筋”。

虽然没有头疼欲裂，但依旧是挥之不去的宿醉感觉。只是依稀记得，从办公室回来，也是深夜。周末，东京街上少了行色匆匆的路人。虽然远远望着，满眼浓妆的灯火，但走在其中，却是静谧幽暗的寂寞。

路过街角那间据说有一百多年历史的 KOKURAYA 酒行。只是这次，没有匆匆而过。买了一瓶七百二十毫升的天狗舞。

在此之前，只是媚俗地喝号称日本精磨度第一的“獭祭”（だっさい）。理由却只是看过村上龙与该酒制造商樱井博志[②]的对谈。对于这种将大米精磨一百六十八

---

① 中国人眼中的日本酒，一般来说包括清酒、烧酒（焼酎）等。较为少见的是所谓合成清酒。但事实上，根据「酒税法施行令」（昭和三十七年三月三十一日政令第九十七号），清酒，即“除了水，米以及麹（米こうじ）之外，是不能添加任何东西的”，且酒精度数一般不高。日本人虽然很不愿意承认，但基本上可以肯定的是，日本酒的蒸煮方法与中国唐宋技法同源同宗。特别值得一提的是，日本酒的饮用方式与日本酒颇具个性的名称，都保留了唐宋时酿酒与饮酒的遗风。

② 桜井博志「逆境経営——山奥の地酒「獺祭」を世界に届ける逆転発想法」、ダイヤモンド社 2014 年版。

个小时，只取最精华的百分之二十三的“纯米之王”印象极深，加上其在巴黎开店专卖的豪奢路线，与内心渴望浮华的黑暗不免戚戚。于是每每流连于午夜酒场，必点獭祭，甚至认为如果没有此酒，便不入流。

于是，那晚与松原教授对饮于高田马场的一间居酒屋，便自诩行家地招呼老板要点獭祭，但松原却一反温和的常态，自行点了乌龙茶和天狗舞。凌晨两点作别时，两人已是半酣之态，但心情却好得可以。固然与松原对谈投契有关，却也与天狗舞的甘饴有染。

虽然天狗舞中的极品“吟こうぶり”也仅仅磨去了米粒的百分之六十五，远逊于獭祭，但不知为何，那晚烂醉之后，却见异思迁地专爱起天狗舞来。现在回想，分明已经不记得那晚和松原都说了什么，或者喝了多少。只是那天凌晨的东京，开始下雨。在路边停靠的出租车前，和松原挥手作别。

这样看来，似乎再每每腹诽村上春树对于洋食的偏爱[①]，已然不妥。相较于白酒，日本酒能够带来的，的确更多。

---

① 村上厨房阅读同好会：《村上 RECIPE》，台湾时报文化出版企业股份有限公司 2001 年版。该书中大概梳理出的几样村上春树经常提及的吃食，无论是三明治，还是意大利面，抑或未记载的红酒咖啡，大体与日本事务无关。

将在银座买的酒杯放在冰箱里，同时用雪印牌黄油润了润广岛产的土锅。简单地切了大葱，拍了无数瓣整蒜码在锅底。回头去取和牛时，已然袭来淡淡焦香。

只点了一盏台灯，灯下朦胧的酒杯外壁凝结着细微的水珠，杯子里的冰块在淡黄色酒液的浸润下开始发出崩解前的脆响。IH 炉上的土锅依然“嘶嘶”喷吐着蒸汽，肉香与蒜香将周围变得十分暧昧，但杯子前却依然只有那碟烤得油香的乌鱼子，在切得飞薄的白色蒜片映衬下，黄得刺眼。

入口的酒，沁人地凉，但周身依然慢慢温热。想起了某个拥抱，虽然是一个人的夜晚。但这种暖，依旧让人着迷。

有天狗舞的夜，不再寂寞。努力让自己迷醉，这样，就可以不再有梦。

多梦的夜，是种煎熬。

“我想要/安静地思考天平上/让爱恨不再/动摇/一想你就平衡不了/我关灯还是关不掉/这风暴/心一跳/爱就开始煎熬/每一分/每一秒/火在烧/烧成灰有多好/叫思念 不要吵/我相信我已经快要/快要把你忘掉/跟寂寞/再和好/”。[1]

---

① 李佳薇：《煎熬》，收录于《感谢爱人》专辑，华纳音乐 2011 年发行。

春雪、猪头与快晴

三月的东京，突然暴雪。

虽然不会在地上留下哪怕片刻痕迹，但从四楼办公室的窗户看出，乱舞的雪花密集到随时可以相撞。

初春的水彩，俨然成为一幅泼墨。

分明，有了些淡淡的寒意。

整个四楼，寂静得可以。这和街上惊散的人群相比，奇怪得可以。但事实上，每天早上九点，准时来到四楼研究员办公室，下午五点准时离开的，可能仅我一个。

就着热的龙井，吃下作为午饭的熏鲑鱼饭团。特地买了锡纸，在走廊尽头茶水间的电炉上铺开，将饭团置于其上稍微加热，直至饭团两面变得有些焦香。

中国茶与日本饭团的组合，从味觉角度，并无问题。饭团照例，是放在茶水间的冰箱里的。冰箱里的光景和四楼一样，寂寞得可以。拿出了饭团的冰箱，瞬间空荡……

转眼，在日本已蛰居三月。

慢慢入定的生活中，每日挥之不去的，已然是无时无刻的饥饿感。

每每这个时候，就会想吃猪头肉。冷的猪头肉切成薄片，不用太多，几枚即可。蒜片、青葱与拇指辣椒同样切散，拌入醋与海鲜酱油，淋上少许，即可。在冷凝的白肉部分，会出现点滴的酱油痕迹，既视感。

可在东京，找到猪头的几率与在日暮里车站偶遇村上春树一样微乎其微。或许只是饮食习惯的不同，但各种饮食店又并非绝对没有猪下水一类的吃食。勉强得知琉球食料店中或许有半成品的猪头出售，于是下了决心，要去最近的银座店探个究竟。话说起来，正好可以顺便去“红虎”① 吃非常地道的“麻婆豆腐”，虽然不够麻辣，但味道却着实逼近成都的“陈麻婆”。

开一间店，一直是自己的梦想。“以前我没有意识到——看来自己很适合干这个活计。我喜欢做什么东西从零开始，喜欢将做出来的东西花时间认真改良。那里是我的店，是我的天地。而在教科书公司审稿期间，我绝对不曾品尝到这种快乐。”② 渴望，那注定与众不同的人生。

“Yeah/You could be the greatest/You can be the best/You can be the kingkong banging on your chest ...”③

---

① “红虎”，1991 年创业，从「韭菜万头」开始，1996 年开设「红虎饺子房」，仅仅二十余年，就已经发展为有三百多家直营店，2013 年销售额达二百五十八亿日元的大型集团。

② [日] 村上春树：《国境以南，太阳以西》，林少华译，上海译文出版社 2001 年版。

③ The Script：《Hall of Fame》，《#3》专辑，Phonogenic Records 公司 2012 年发行。

长久的失神。

蓦地从种种臆想中惊醒过来，窗外，已是快晴。

雪，没有留下一丝痕迹，仿佛从未来过。

那么，就开一家便当店吧

每次路过街角的那片惣菜店[1]，总是买一盒土豆沙拉。《深夜食堂》[2] 中，AV 男星妈妈虽然失忆，仍然记得当年因为有辱门风被赶出家门的儿子，最爱吃的就是这种简单的食物。土豆隔水蒸熟剥皮捣碎，拌入千岛酱与切碎的火腿蔬菜乃至水煮蛋，加适量胡椒海盐即可。宜冷食，亦可暖心。

能够通过某种方式去温暖别人，也是证明自己存在价值的一种方式。曾将积极地改变别人的命运，作为自己奋斗的目标。但现实，总是会将很多理想，弄得稀碎。“差不多每天都是相同的重复。昨天和前天颠倒顺序，也没有任何不便。”[3] 其实，到目前为止，还没做过太过改变自己人生的重大选择。

---

① “惣菜”（そうざい）店类，似于国内的副食店，以炸物、拌菜等为主，有些店还兼卖现做便当或关东煮等。

②《深夜食堂》（しんやしょくどう），热播日剧，国内亦引进过安倍夜郎的原著漫画并汉译。

③［日］村上春树：《眠》，施小炜译，南海出版公司 2013 年版。

每天复印着昨天的生活。或许不是想要的，但真正想要的，又是什么？

害怕改变自己，却幻想改变别人。从最开始，或许已经注定了，这是一场悖论的人生。

“谁都不救我，谁都救不了我，就像我救不了任何人一样。”① 这是无比真切的现实，只是到尽头，才终于承认。“我哭不是因为我没有勇气/我哭不是因为我想要逃避/我哭了是因为我想要冷静/我哭了是因为我受太多委屈。”②

自我之个体，无比渺小。自我之救赎，无比艰困。或许能做的，只是在平淡的生活之中，尊重自己的本愿，从而在随波逐流中，保持那一口气在。纵使终究要溺毙在某一点，也想尽量在那一瞬，能够清醒面对。

那么，就开一家便当店吧。

能够提供绝佳鸡尾酒的酒吧，无论如何是开不来的，更无力在某个位置绝佳的大厦地下室，每夜为穿着华服的男女演奏钢琴。所能做的，或者说真的想做的，就是在某个巷弄，开一间供应盒饭的小店。只做外卖，仅提

---

① ［日］村上春树：《世界尽头与冷酷仙境》，林少华译，上海译文出版社 2007 年版。

② 黄义达：《Set me free III》，收录于《Heart Disk》专辑，Sony 音乐 2013 年发行。

供不复杂但很不同的盒饭。

便当盒是木片质地，绝无任何的塑料盛器。内容简单得可以：米饭，几样制作精良的小菜，一份炸物，一份煮物，一份青菜，半个咸蛋或熏制的半熟温泉蛋。

米照例是新米，淘米的次数是规定好的。高压锅焖出的米饭必须达到即使稍冷，也不会粘成一摊。少少地放在便当盒中，或许会撒些黑芝麻与海盐，抑或切碎的海苔。纵使只是盒饭，不似奢侈品般会采取饥饿销售的策略，但每每意犹未尽时，才是佳境。

小菜至少三品，定不会一味死咸，土豆色拉该会常选，朝鲜族泡菜或拌菜也有可能，但重辣重蒜，不宜太多。榨菜或者芥菜会摘洗浸泡之后加菜油、辣椒、糖、蚝油、鸡精等炒制或隔水蒸，还会按照时令，做些类似于日本的渍物，黄瓜萝卜抑或其他，渍过之后的颜色依然新鲜，更为提醒食客，莫忘季节感。

炸物与煮物作为主菜，当然是重头戏。为了不过分依赖于厨师，保障品质的稳定性，便于大规模快速生产，又能保持卖相，让食客感觉物有所值（虽然这份盒饭的价格，绝对应该在十元人民币左右），必须保证炸物或煮物每日至少换一种，一周之内不重复。而这也是这份盒饭永远不会被复制的"核心竞争力"。简单想起来，或许其中会有回忆少年时代学校门口阿妈妮顶着大盆每天中午来卖的酱煮牛杂。百叶、牛筋、牛胃或剔骨所剩小肉，长时间采用类似红烧的方法焖煮，只是会加些朝鲜族的臭酱，达到汤汁殆尽，酱红色的牛杂颤颤地相互依偎的程度。那个味道，纵使走遍大半个地球，仍然是挥之不去的乡愁。为了减少成本稍微加些土豆或萝卜亦为可取。炸物可以是和风酱油味炸鸡。方便制作，味道绝佳，又可以控制成本。坚持不用猪肉，可以满足很多挑剔的客人，也可以成为连穆斯林也可以享用的“清真”。牺牲的成本，换来的却是无价的口碑。

青菜尽量采取白灼的方式，如青江菜等，洗净入开水焯水片刻即可，用葱姜蒜青红椒丝点缀，淋上蚝油、海鲜酱油等，最后淋上热油即可。青菜一项需要费心琢磨，形成至少二十品，并且保持不断的更新，的确有些让人费脑筋。但，或许这也就是乐趣所在吧。自己制造些小问题，自己寻找些小办法。

咸蛋是自己腌制，避免因为选材，落人口实。而烟熏温泉蛋则是提前一天做好，按照时间入热水煮好的温泉蛋不会太生，毕竟国内的鸡蛋质量还是不能让人充分放心。蛋黄至少到达九分溏心。然后调好料汁，放入冰箱一晚。第二天取出时，温泉蛋的外壁已经变成淡淡的褐红，但蛋黄部分，依旧是令人垂涎的嫩黄。要的是卖相与口味，这，才是这盒盒饭的灵魂。

至于网上订餐，分散配送，赠送矿泉水或口香糖，乃至按需求定制天价盒饭，都是后话。一盒净赚一块，就是目标。

或许没人相信这是个巨大的生意。

但，“任何一把剃刀都自有其哲学”。[①] 盒饭，也应不会例外。

“断然瓶ビール派”[②]

喝黑色玻璃瓶装六百毫升的麒麟一番榨，是一种人生态度。“再没有比无意义且不必要的努力更使人心力交瘁的了。”[③]

这是一种无奈、自嘲而又多少有些沉沦的态度。是被生活强奸，在麻木中朦胧体味出些微罪恶快感时，不自觉发出的一种无病呻吟。

之前，被九号风球困在香港，终日窝在酒店里，看

---

① [日] 村上春树：《当我跑步的时候我谈些什么》，施小炜译，南海出版公司 2009 年版。

② ケトル VOL. 8，太田出版（2012 年），编者序。杂志编辑让村上春树在罐装啤酒、瓶装啤酒以及生啤中作出选择，村上毫不犹豫地选择了瓶装啤酒，理由是，“啤酒，用瓶要比用罐更好喝”「ビールは缶より瓶で飲んだ方がずっとうまい」。

③ [日] 村上春树：《寻羊冒险记》，林少华译，上海译文出版社 2001 年版。

带去的《卡夫卡传》。每到兴味索然时，拉开紧闭的窗帘，已是深夜。那几日盘桓于楼下的那片排档，因为暴雨，除了我和门口依然烂醉的一位的士司机，并无客人。照例要了那碟唤我至此的卤水大肠。

“蓝闷儿?”老板操着半白的普通话，问道。

英文名字为“Blue Girl”的啤酒被这样叫起来，滋味不知怎地，多少有些寡淡。冰镇得太过，倒进杯子，已然没有了多少泡沫。

曾经的少年，无论多么努力，还是要沦为就着辣椒酱、猪大肠下酒的大叔。看着外面接天连地的大雨和那台停在雨中的的士，突然有些同病相怜起来。

自此，啤酒对我来说，就变得意味深长起来。无论是在加尔各答湿濡的下午，绕过数天前就已经死在路口的狗尸，去泰戈尔故居旁的那间酒店，隔着终日锁死的铁栅栏，买两瓶被严密包裹在纸袋里的 Haywards 5000；在凌晨的马德里机场，睡眼朦胧地看着停机坪里随风起舞的塑料袋，喝下的意味不明的 Reina；在曼谷机场和友人作别时喝满整个桌子的 Bei Otto，每个周末在萨格拉门托那间红砖砌筑的、曾是教堂的图书馆对面的橡树公园，看着一支又一支知名，抑或不知名的 band 的表演，喝下的支支 BUD；还是从圣保罗一路辗转，终于在南半球的冬季，到达大西洋边的那个无名小镇，在空无一人的银色沙滩上，喝下的Brahma。算不上买醉，但却着实想让自己慢慢地忘却，彻入骨髓的寂寞。

就好像总是喜欢车内Mark Levinson音响，大音量听那首《Wake Me Up》，“So wake me up when it's all over/When I'm wiser and I'm older/All this time I was finding myself.”①

直到这次，来到东京。

「とりビー」②

这是发自内心学会的第一句俚语。每天从办公室回来，就是打开冰箱，取出麒麟一番榨，和那个专用的杯子。三度的杯子和三度的液体，可以让人，瞬间冷静。

---

① Avicii:《Wake Me Up》，收录于专辑《True》，PRMD音乐2013年发行。

②「とりあえずビール」的简称，意味“当然是啤酒”，这是一句带有浓浓“昭和”怀旧感的酒场用语。二十世纪五十年代，日本经济步入飞速发展期，曾经高不可攀的啤酒开始进入庶民的消费范畴。因为相较于往往需要时间温热的日本酒，啤酒可以随时享用，因此上班族下班之后进入居酒屋之后，往往都会说这句话，首先来一杯啤酒的意思。随着日本经济的持续低迷，带有昭和遗迹的任何话语、习惯、事物，往往都能带给日本人某种复杂的怀旧感。

"我叫'KIRIN'，与啤酒有关。"[1]

深夜食堂与出前一丁

从办公室回来的路上，看到成文堂早稻田书店，将村上春树的新书「女のいない男たち」[2]，摆在门口显眼位置的位置。却没有要买的冲动。径直走过。

倒是在不远处的 BOOK OFF，买了本「深夜食堂×dancyu 真夜中のいけないレシピ」。[3] 封面是漫画出现过的凉拌豆腐和炸猪排。倒不是突然来了食欲。归根结底，饭菜这东西是"带空气"的——我真的这么认为。[4] 只是，有些渴望与人交流的温情。

和原版漫画相比，更喜欢电视版的《深夜食堂》。看了无数遍，之后，还是会在寂寞，或饥饿的时候，再从头一集集地看完。每每看到已是新宿黑社会大哥的竜桑，戴着墨镜，参加完初恋女友的葬礼后，默默在吃那盘再普通不过的炒香肠（必须是红色带皮的小羊粪蛋形状，

---

① ［日］村上春树：《村上朝日堂的卷土重来》，林少华译，上海译文出版社 2011 年版。

② 村上春樹「女のいない男たち」新潮社 2014 年版。

③ 安倍夜郎監修，ビッグコミックオリジナル×dancyu 編集「深夜食堂×dancyu 真夜中のいけないレシピ」小学馆 2011 年版。

④ ［日］村上春树：《村上广播》，林少华译，上海译文出版社 2012 年版。

一端切透三刀，炒制时遇热，会自然收缩，形成章鱼状，并配大量切细的高丽菜丝）时，总是会眼角有些湿润。曾按图索骥，寻找了很久，都未寻获。后来才听说，红色香肠最早是因为战后日本肉品匮乏，为了增加香肠的卖相，才用染了色的羊肠将杂肉做出的香肠包裹起来。时至今日，这种昭和遗风的香肠，也只是在关西地方才有销售。这样看起来，竜桑的怀旧感，的确有些由来。

爱极了那几句插曲，“思い出を/忘れたいなら/さぁ/あたしが/消しゴムで消してあげるわ/安心しておやすみなさい”。①

虽然大体上已经对台词倒背如流，但还是会很认真地准备下一个桥段所需要的某种感动。这是一种很好的精神健康活动。每天醒来，都感觉自己所拥有的东西，或者其他什么，有了减少，不多，但足以让人注意到。就好像被那个橡皮擦，无比干净地擦掉了一样。

因此，对于这种难得的情感满足，即使有些做作或者伪造的成分，仍然会十分珍惜。毕竟，这是一种获得，而不是失去。

每每从精神自慰中依依不舍地恢复过来，已是深夜。

---

① ［日］福原希己江：《できること》，收录于《おいしいうた》专辑，TOWNTONE 唱片公司 2011 年发行。

如果就这样饥肠辘辘地上床，是无论如何都无法快速入眠的，半夜饿醒或着做些可怕的噩梦也说不定。

打开冰箱，惨淡的灯光下，能吃的东西着实不多，且大多样貌丑陋得可以，想必已经在这里居住得太久了吧。

轻声叹口气。

烧水，在水半开之前，放入一枚看起来还算健壮的鸡蛋，等待蛋白凝固的时间，从桌子的最下层，寻到了放在密封袋里，已所剩无几的韩国产干海藻，放在依然滚沸的水中，瞬间即像乌龙茶一样绽放开来。喜欢暗夜氤氲水汽中，这抹暧昧的暗绿。

就着泡菜和自己做的香辣小鱼，超市里最便宜的酱油味出前一丁，也变得有些奢华起来。面，还是没有油包的好些。

关了灯，怎么总结这一天呢？“这个时候不妨一言以蔽之：‘勃起’。”①

李立丰

2014 年 12 月草稿于早稻田 Step 21

2020 年 1 月 1 日终稿于沈阳市柴河街自宅

---

①［日］村上春树：《斯普特尼克恋人》，林少华译，上海译文出版社 2001 年版。

图书在版编目（CIP）数据

江户风土记／（日）安藤优一郎著；李立丰，宋婷译．—上海：上海三联书店，2023.12

ISBN 978-7-5426-8001-3

Ⅰ．①江…　Ⅱ．①安…②李…③宋…　Ⅲ．①饮食—文化—日本—江户时代　Ⅳ．①TS971.203.13

中国国家版本馆CIP数据核字（2023）第004999号

著作权合同登记图字：09-2022-0716

江户风土记

著　　者／[日] 安藤优一郎
译　　者／李立丰　宋　婷
责任编辑／郑秀艳
装帧设计／ONE→ONE Studio
监　　制／姚　军
责任校对／王凌霄
出版发行／上海三联书店
　　　　　（200030）中国上海市漕溪北路331号A座6楼
邮　　箱／sdxsanlian@sina.com
邮购电话／021-22895540
印　　刷／上海展强印刷有限公司
版　　次／2023年12月第1版
印　　次／2023年12月第1次印刷
开　　本／787mm×1092mm　1/32
字　　数／200千字
印　　张／9
书　　号／ISBN 978-7-5426-8001-3/TS·58
定　　价／58.00元

敬启读者，如发现本书有印装质量问题，请与印刷厂联系 021-66366565